三次采油技术丛书

三元复合驱油藏工程技术

程杰成　伍晓林　侯兆伟　等著

U0389953

石油工业出版社

内 容 提 要

本书系统介绍了大庆油田三元复合驱油藏方面的主要技术进展，包括三元复合驱精细地质研究及油藏表征技术、三元复合驱溶蚀结垢、三元复合驱开发效果影响因素、层系井网及方案优化设计、三元复合驱动态特征及跟踪调整、三元复合驱综合评价技术等。在此基础上，介绍了一类、二类油层强碱三元复合驱、弱碱三元复合驱等经典矿场试验、示范区实例。

本书可供从事油气田开发工程及提高采收率技术等相关专业的研究人员及三次采油技术人员参考。

图书在版编目（CIP）数据

三元复合驱油藏工程技术 / 程杰成等著 .—北京：
石油工业出版社，2022.5
　　（三次采油技术丛书）
　　ISBN 978–7–5183–5071–1

　　Ⅰ . ①三… Ⅱ . ①程… Ⅲ . ①复合驱 – 油藏工程
Ⅳ . ① TE357.46

中国版本图书馆 CIP 数据核字（2021）第 249004 号

出版发行：石油工业出版社
　　　　　（北京安定门外安华里 2 区 1 号楼　　100011）
　　　　　网　　址：www. petropub. com
　　　　　编辑部：（010）64210387　图书营销中心：（010）64523633
经　　销：全国新华书店
印　　刷：北京中石油彩色印刷有限责任公司

2022 年 5 月第 1 版　2022 年 5 月第 1 次印刷
787×1092 毫米　开本：1/16　印张：11.5
字数：280 千字

定价：110.00 元

丛书前言

我国油田大部分是陆相砂岩油田，砂岩油田油层层数多、相变频繁、平面和纵向非均质性严重。经过多年开发，大部分油田已进入高含水、高采出程度的开发后期，水驱产量递减加快，剩余油分布零散，挖潜难度大，采收率一般为30%~40%。应用大幅度提高采收率技术是油田开发的一个必经阶段，也是老油田抑制产量递减、保持稳产的有效方法。

三次采油是在水驱技术基础上发展起来的大幅度提高采收率的方法。三次采油是通过向油层注入聚合物、表面活性剂、微生物等其他流体，采用物理、化学、热量、生物等方法改变油藏岩石及流体性质，提高水驱后油藏采收率的技术。20世纪50年代以来，蒸汽吞吐开始应用于重油开采，拉开了三次采油技术的应用序幕。化学驱在80年代发展达到高峰期，后期由于注入成本高、化学驱后对地下情况认识不确定等因素，化学驱发展变缓。90年代以来，混相注气驱技术开始快速发展，由于二氧化碳驱技术具有应用范围大、成本低等优势，二氧化碳混相驱逐渐发展起来。我国的三次采油技术虽然起步晚，但发展迅速。目前，我国的三次采油技术中化学驱提高原油采收率技术处于世界领先地位。在大庆、胜利等油田进行的先导性试验和矿场试验表明，三元复合驱对提高原油采收率效果十分显著。此外，我国对其他提高原油采收率的新技术，如微生物驱油采油技术、纳米膜驱油采油技术等也进行了广泛的实验研究及矿场试验，并且取得了一系列研究成果。

大庆油田自20世纪60年代投入开发以来，就一直十分重视三次采油的基础科学研究和现场试验，分别在萨中和萨北地区开辟了三次采油提高采收率试验区。随着科学技术的进步，尤其是90年代以来，大庆油田又开展了碱—表面活性剂—聚合物三元复合驱油技术研究。通过科技攻关，发展了聚合物驱理论，解决了波及体积小的难题，首次实现大规模工业化高效应用；同时，创新了三元复合驱理论，发明了专用表面活性剂，解决了洗油效率低的难题，实现了化学驱技术的升级换代。大庆油田化学驱后原油采收率已超过60%，是同类水驱油田的两倍，相当于可采储量翻一番，采用三次采油技术生产的原油年产量连续19年超$1000 \times 10^4 t$，累计达$2.8 \times 10^8 t$，已成为大庆油田可持续发展的重要支撑技术。

为了更好地总结三次采油技术相关成果，以大庆油田的科研试验成果为主，出版了这套《三次采油技术丛书》。本套丛书涵盖复合驱表面活性剂、聚合物驱油藏工程技术、三元复合驱油藏工程技术、微生物采油技术、化学驱油田化学应用技术和化学驱地面工艺技术6个方面，丛书中涉及的内容不仅是作者的研究成果，也是其他许多研究人员长期辛勤劳动的共同成果。在丛书的编写过程中，得到了大庆油田有限责任公司的大力支持、鼓励和帮助，在此致以衷心的感谢！

希望本套丛书的出版，能够对从事三次采油技术的研究人员、现场工作人员，以及石油院校相关专业的师生有所启迪和帮助，对三次采油技术在大庆油田乃至国内外相似油田的大规模工业应用起到一定的促进作用。

前　言

　　世界油田依靠天然能量和水驱开发，一般最终采收率为33%，仅我国陆上油田采收率每提高1个百分点就相当于探明一个 $10 \times 10^8 t$ 地质储量的大油田，所以提高采收率始终是世界石油工业共同关注的重大科技难题。20世纪70年代，美国学者首先提出适合砂岩油藏水驱后大幅度提高原油采收率的三元（碱、聚合物、表面活性剂）复合驱油方法，室内实验可比水驱提高采收率20个百分点以上，但由于其理论和工程化难度极大，国外长期停留在实验室和井组试验阶段。

　　从"八五"开始，国家组织大庆油田等单位持续攻关，经过多年的试验研究，特别是"十二五"期间的科技攻关与实践，中国石油在三元复合驱提高采收率技术方面取得了显著的进展。创建了方案设计、跟踪调整等主体工程技术和标准，形成了低成本、高效益新一代大幅度提高采收率技术，使我国成为世界上唯一拥有三元复合驱成套技术并工业应用的国家。这些成果显著提升了我国在石油开发领域的国际竞争力，对参与世界石油资源再分配、保障国家能源安全具有重大战略意义。

　　本书由大庆油田有限责任公司（以下简称大庆油田）负责编写，技术资料主要取自大庆油田和中国石油所属研究院所及油气生产单位的科技成果及公开发表的文献。本书汇集了中国石油在三元复合驱油藏方面的主要技术进展，重点介绍了"十三五"期间的重大科技成果，其中包括复合驱精细地质研究、方案优化设计、跟踪调整及综合评价等主体技术的进展。在此基础上，介绍了强碱三元复合驱、弱碱三元复合驱等经典矿场试验实例。

　　本书由四个章节构成，第一章由聂春林、徐清华编写，第二章由么世椿、倪洪涛编写，第三章由王云超、苏雪迎编写，第四章由于晓丹、王昊宇编写，全书由程杰成、伍晓林、侯兆伟组织编写和统稿。

　　由于本书技术性强、涉及面广，加之编者经验不足、水平有限，疏漏和不足之处在所难免，恳请读者批评指正。

目 录

第一章　三元复合驱开发的油藏表征技术

油藏描述是指一个油（气）藏发现后，对其开发地质特征所进行全面的综合描述，其主要目的是为合理开发这一油（气）藏制定开发战略和技术措施提供必要的和可靠的地质依据，复合驱油层描述更为复杂，精细油藏表征研究始终是油田精准开发的基础，是指导个性化开发方案编制和跟踪调整的重要依据；实现基于精准地质的精准方案设计和跟踪调整是精准开发的关键。

第一节　砂体连通质量定量表征

为进一步表征不同沉积微相间及内部砂体非均质性特征，利用井震结合储层精细描述成果，大庆油田自主研发了砂体连通质量定量评价方法研究及评价程序。利用主成分分析的方法原理，把数量较多的指标做线性组合，重新组合成一组新的互不相关的几个综合指标来代替原来的指标，这少数几个指标能够反映原指标大部分信息（85% 以上）。该方法在最大限度地保留原有信息的基础上，对高维变量系统进行最佳的综合与简化，并客观地确定各个指标的权重，避免了主观随意性。

一是连通指标优选。利用取心井的观察描述成果，统计有效厚度、二类厚度、地层厚度、砂地比、净毛比、泥质含量、夹层厚度、夹层比例、夹层频率、渗透率变异系数、突进系数、级差、孔渗等二十余种参数，根据水洗资料和关联系数等，最终选择了 7 个指标。

二是指标标准化处理。指标标准化处理包括指标非线性处理、逆指标正向化处理、指标无量纲化处理。指标非线性处理：主成分分析法是一种线性降维法，表现为各主成分是原始变量的线性组合。因此，当原始数据不具备线性的基本特点时，必然会导致结果的偏差。逆指标正向化处理：作为综合评分，降维后主成分有的代表正向，有的代表负向，把他们加权相加评分没有意义，这时候要把指标正向化，使得各主成分都代表正向的含义。指标无量纲化处理：实际计算中，各指标的单位不统一，致使各指标间不具备可比性，需对它们进行无量纲化处理。

三是主成分分析结果。计算相关系数矩阵 $(r_{ij})_{7 \times 7}$，求取相关系数矩阵的特征值和特征向量，样本数据中，新指标（F_1、F_2、F_3）特征值累计贡献率为 85% 以上（表 1–1），信息损失很小，可以替换原来 7 个指标。根据所筛选出的 3 个主成分，由主成分 F_1、F_2、F_3 与各自方差贡献率之积可算出综合得分，砂体连通质量综合评价表达式为：

F 综合 =0.5451× 砂地比 +9.1254× 孔隙度 +0.3734× 渗透率 +0.1517× 有效厚度 –0.0083× 夹层频率 × 密度 –0.9217× 变异系数 –0.3415× 突进系数 +1.7757

表 1-1　取心井样本主成分分析的特征根及特征向量

主成分	特征向量							特征值 λ	方差贡献率 %	累计贡献率 %
	有效厚度 x_1	砂地比 x_2	孔隙度 x_3	渗透率 x_4	突进系数 x_5	变异系数 x_6	夹层频率 × 密度 x_7			
F_1	0.4179	0.4133	0.4156	0.4216	0.2105	0.3664	0.3545	3.924	56.063	56.063
F_2	−0.3231	−0.2419	−0.1339	−0.1916	0.7154	0.5115	0.0944	1.508	21.541	77.604
F_3	−0.2038	−0.4278	0.0298	0.1379	−0.1729	−0.1833	0.8322	0.596	8.518	86.122

　　根据连通质量定量评价模型，对某区萨Ⅱ组油层进行连通质量综合评价，并充分利用井震结合储层预测成果，平面成图上采用井震结合预测的 10m×10m 网格孔隙度和砂地比，并在沉积微相控制下进行其他指标的 10m×10m 网格插值，同时采用砂地比作为趋势面控制，得到了各单元砂体连通质量定量平面分布（图 1-1），使评价结果更加可靠，平面上不同微相或同一微相的砂体连通质量差异明显，进而量化了油层平面非均质分布特征表[1]。

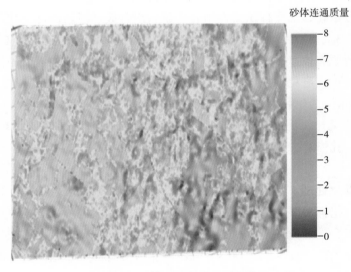

图 1-1　砂体连通质量平面分布图

第二节　不同储层条件剩余油演化特征

一、层间非均质控油模式

　　设置了纵向非均质 VDP 分别为 0.4、0.6、0.8 的三层非均质模型，通过开展数值模拟，分析转化学剂时、含水最低点时、转聚时、结束时等时机不同非均质模型分层的采出程度及剩余油饱和度演化特征，确定了不同非均质井组的跟踪调整时机和对策（图 1-2 和表 1-2）。

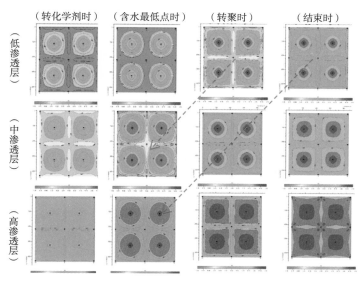

图 1-2 层间非均质剩余油演化特征

表 1-2 非均质油层复合驱分层阶段采出程度统计 单位：%

内容		见效点	最低点	转聚点	转水点	结束点
Vdp 0.35	低渗透层	0.46	3.32	5.94	16.09	20.30
	中渗透层	0.14	4.49	6.94	14.07	17.87
	高渗透层	1.66	6.86	8.76	16.31	19.95
	全区	0.75	4.89	7.22	15.49	19.37
Vdp 0.55	低渗透层	1.11	3.63	6..49	17.05	21.94
	中渗透层	0.89	5.44	8.66	14.43	17.60
	高渗透层	1.09	8.48	10.84	18.72	20.85
	全区	1.03	5.85	8.67	16.74	20.13
Vdp 0.75	低渗透层	1.52	4.96	9.22	15.27	22.99
	中渗透层	0.03	3.67	16.41	21.49	24.95
	高渗透层	0.97	5.25	14.44	21.86	22.55
	全区	0.84	4.63	13.36	19.54	23.50

从饱和度演化特征来看，高渗透层、中渗透层化学剂突进快，注入体积多，含水饱和度变化大，低渗透层突进慢，吸入体积少，含水饱和度变化小，采出程度贡献随非均质程度增强变小，受注入体积影响大。主要对策为：注水井早期分层和低渗透层、中渗透层压裂增注；采油井非均质程度强的后期高渗透层封堵；非均质强的油层适当增大化学剂注入体积[2]。

二、平面非均质控油模式

为描述油层断层遮挡、废弃河道遮挡、尖灭区遮挡、平面局部变差等情况，分别建立了三类非均质模型（图 1-3 和图 1-4）。

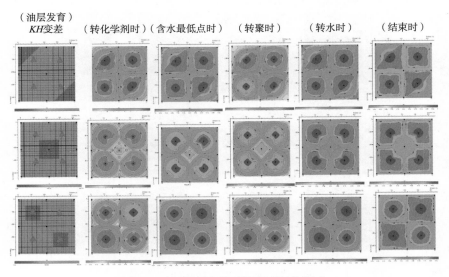

图 1-3　平面局部变差对饱和度场的影响

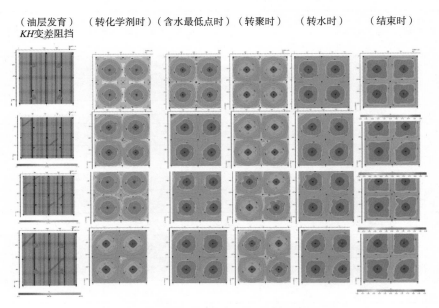

图 1-4　平面局部遮挡对饱和度场的影响

　　化学剂沿不受遮挡方向突进，波及程度低，剩余油富集在被遮挡区域，影响井受效差、滞后。剩余油大小受遮挡分布状态和遮挡程度影响。早期进行油层改造措施、提高影响井的注采能力；后期适当延长化学剂注入体积，有效扩大波及体积。

　　方向渗透率差异对剩余油饱和度演化的影响。突破前低渗透方向推进前缘宽，提高采收率幅度大；突破后由于高渗透方向突进，驱替液主要从高渗透方向突进。平面调整，提高高渗透方向流压，降低生产压差，延缓突破；低渗透方向增注增产措施，提高注采能力，保证均衡动用（图 1-5）。

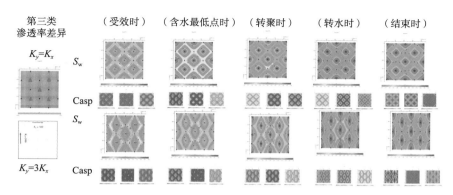

图 1-5 平面渗透率差异对提高采收率的影响

三、不同微观特征储层剩余油演化规律及启动条件

复合驱动用簇状剩余油为主，滴状剩余油含量明显升高，渗透率越低簇状剩余油动用提高越高，滴状剩余油含量越高（图 1-6）。

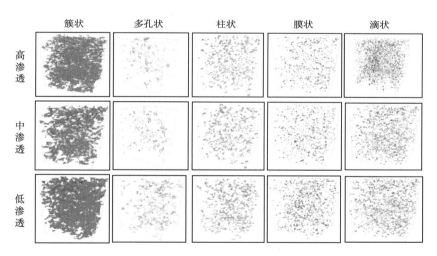

图 1-6 微观剩余油分布特征

通过分析不同孔喉特征、采出程度下不同类型微观剩余油分布与孔隙大小、喉道大小的关系，可以看出，大孔大喉储层簇状类型剩余油在驱替过程中占据孔喉均逐渐减小，是一个逐渐被剥离的过程。多孔及滴状剩余油在驱替过程中占据孔喉先增大后减小，说明剩余油在复合驱过程中的变化过程是簇状—多孔—滴状的演化过程；中孔中喉储层簇状类型剩余油占据孔喉半径先增大后减小，说明簇状剩余油在复合驱过程中发生了明显的迁移现象，非均质越强，复合驱后流动路径越容易改变；小孔小喉模型中，簇状剩余油更容易被打散成多孔剩余油，需要更强的乳化能力才能将多孔剩余油采出。

复合驱后，簇状剩余油主要分布在小孔隙半径、小配位数、高孔喉比孔隙中；滴状剩余油流动路径随机，但滞留的滴状剩余油主要分布在高配位数、高孔喉比的孔隙中，即连通性好、但孔喉卡堵能力强的孔隙中（图 1-7）。

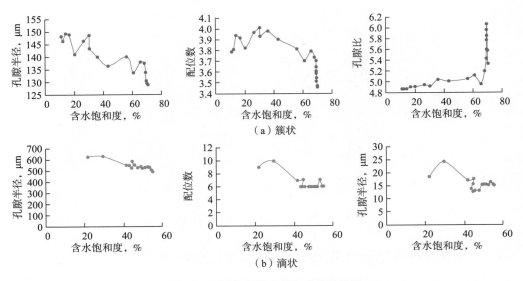

图 1-7　不同类型微观剩余油流动路径

相同毛细管数下，复合驱动用不同模型的孔喉下限相同，但对于可动孔隙，复合驱对均质性较好模型的动用程度较高；复合驱过程剩余油启动压力逐渐升高，孔喉比越小，复合驱过程中启动压力升高幅度越大。

第三节　储层连通质量与方案设计注采参数匹配研究

储层连通质量增加，阶段采出程度先增加后降低，化学驱累计产油增加。受注采参数影响储层连通质量与阶段采出程度、累计采油关系上下波动（图 1-8）。

一、不同储层连通质量合理注入速度及变化类型

储层连通质量越高，合理注入速度越高，中低质量井组注入速度递增型开发效果好，高质量井组速度前期递增或恒定即能保证效果。储层连通质量越低，合理注入速度递增梯度越大（图 1-9 和表 1-3）。

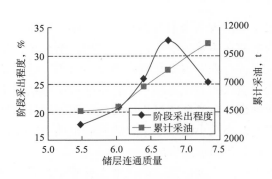

图 1-8　储层连通质量与阶段采出
程度、累计采油关系

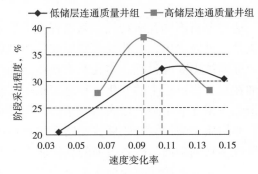

图 1-9　不同储层连通质量对合理
注入速度递增率影响

表1-3　不同储层连通质量井组速度变化类型对开发效果影响

储层连通质量分级	井数口	阶段采出程度%	I		II		III		IV		V	
			井数口	采出程度%	井数口	采出程度%	井数口	采出程度%	井数口	采出程度%	井数口	采出程度%
<6	26	19.21	5	28.5	6	18.1	—	—	11	18.1	4	12.2
6~6.6	34	23.60	4	30.3	3	17.3	2	22.4	21	22.8	3	24.1
>6.6	35	28.80	16	29.5	3	14.5	1	18.0	12	30.2	3	37.6
合计	95	24.30	25	29.4	12	17.0	3	20.9	45	23.9	10	23.4

二、储层连通质量对注入黏度的影响

储层连通质量越好、平面差异越大，合理注入黏度越大；储层连通质量越好、平面差异越大，梯度增黏效果越好；保持合理速度递增可形成更宽的高压力梯度带，启动剩余油，抑制剖面反转（图1-10和表1-4）。

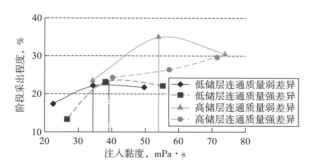

图1-10　储层连通质量与阶段采出程度关系

表1-4　不同储层连通质量井组黏度变化类型对开发效果影响

分类	井数口	阶段采出程度%	I		II		III		IV		V	
			井数口	采出程度%	井数口	采出程度%	井数口	采出程度%	井数口	采出程度%	井数口	采出程度%
低质量弱差异	3	20.4	7	19.4	1	31.9	7	26.8	8	15.4	1	11.3
低质量强差异	3	20.2	5	18.0	5	21.5	2	17.7	9	23.0	2	12.7
高质量弱差异	4	30.4	5	44.8	6	24.4	3	38.4	5	30.5	5	18.2
高质量强差异	4	26.1	1	60.3	9	23.4	2	41.2	6	20.5	6	24.9
合计	5	24.3	18	29.4	21	17.0	14	31.0	28	23.9	14	23.4

三、储层参数、连通质量对剖面动用规律的影响

随渗透率、非均质变化，合理匹配注入参数可最大程度改善油层动用，提高全过程，尤其是含水下降阶段油层动用比例和油层动用均衡程度，保证复合驱开发效果（图1-11、图1-12和表1-5）。

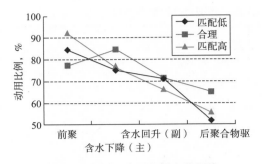

图 1-11　剖面动用比例变化规律

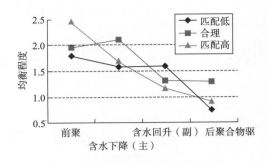

图 1-12　剖面动用均衡程度变化规律

表 1-5　储层特征、注入参数与剖面动用规律关系

类型	控制储量 10⁴t	有效厚度 m	地层系数 D·m	渗透率 D	变异系数	控制程度 %	河道一类连通比例 %	平均速度 PV/a	平均黏度 mPa·s	平均动用比例 %	均衡程度
匹配低	3.02	9.50	4.35	0.47	0.67	70.62	51.54	0.22	39.20	70.69	1.43
合理	2.42	7.64	2.72	0.35	0.70	73.93	48.66	0.22	35.70	74.50	1.66
匹配高	1.69	5.43	1.71	0.30	0.74	56.91	30.40	0.16	23.53	72.54	1.54

　　通过选取剖面测试资料全过程齐全的单井，分析剖面变化类型、平均厚度动用比例、平均动用均衡程度，确定黏度匹配合理的单井。渗透率、变异系数与注入黏度关系表明，合理注入黏度随渗透率增加、非均质增强而增加（图 1-13 和图 1-14）。

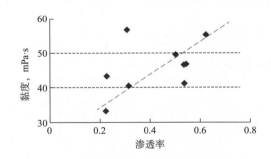

图 1-13　黏度和渗透率匹配关系

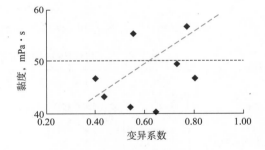

图 1-14　黏度和变异系数匹配关系

四、储层连通质量对含水变化的影响

　　含水变化特征受储层连通质量、注采参数综合影响。"U"形井组，质量高，非均质性平面中等、纵向中等，属于接替持续受效，低含水期长，开发效果好；"V"形：质量高，非均质性平面强、纵向弱，集中受效，含水下降快、回升快、降幅大，开发效果较好；阶梯形：质量中，非均质性平面弱、纵向强，多层接替受效，含水降幅大，开发效果中等；"W"形：质量中，非均质性平面强、纵向强，多层多次受效，含水降幅大，开发效果较好；波动形：质量低，非均质性平面中、纵向弱，受效差，效果差（表 1-6）。

表1-6　储层连通质量与含水变化的关系

类别	井数口	储层连通质量	标准偏差	见效PV	最低值PV	最低值含水，%	平均含水%	黏度mPa·s	采出碱浓度mg/L	采出表面活性剂浓度，mg/L	累计增油t	单位厚度增油t	阶段采出程度%
"U"形	16	6.48	0.48	0.11	0.28	67.18	88.08	2.73	1483.43	91.09	8610.25	1264.75	31.01
"V"形	23	6.57	0.54	0.14	0.34	65.65	90.43	3.23	1918.83	127.72	8352	945.01	26.01
阶梯形	11	6.31	0.41	0.12	0.25	62.65	89.63	2.8	1787.46	110.7	6561.55	1434.85	23.93
"W"形	18	6.34	0.58	0.15	0.31	62.77	88.2	2.84	1567.72	97.47	8017.44	1228.7	27.85
波动形	27	6.23	0.48	0.16	0.32	82.9	93.6	2.28	1032.31	56.79	4074.89	765.51	16.32

五、储层连通质量对配产影响

储层连通质量越好、平面差异越小，合理采液速度越大，平面差异越小井组适合梯度增速，差异大井组适合先增速后降速，开发效果好；保证合理采液速度和变化类型，确保驱替效率，减少无效、低效循环（图1-15和表1-7）。

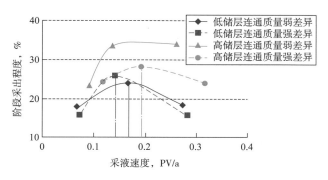

图1-15　不同储层连通质量井组采液速度与阶段采出程度关系

表1-7　不同储层连通质量井组采液速度类型对开发效果影响

分类	井数口	阶段采出程度%	I		II		III		IV		V	
			井数口	阶段采出程度，%	井数口	阶段采出程度，%	井数口	阶段采出程度，%	井数口	阶段采出程度，%	井数口	阶段采出程度，%
低质量弱差异	24	20.4	3	32.1	7	17.8	5	17.7	7	21.7	2	13.8
低质量强差异	23	20.2	2	16.2	9	14.9	5	29.6	5	23.5	1	9.8
高质量弱差异	24	30.4	1	39.4	5	21.3	9	30.4	5	39.0	2	25.2
高质量强差异	24	26.1	7	33.7	3	16.0	11	22.2	2	44.5	1	8.8
合计	95	24.3	13	31.1	24	17.2	30	25.2	21	29.3	7	17.4

第四节　复合体系溶蚀结垢作用对渗流影响特征

一、溶蚀结垢作用对岩心渗流特征的影响

对受到溶蚀结垢作用后的岩心进行ASP驱替实验，通过渗透率变化规律对比不同参数下溶蚀结垢作用对岩心渗流的影响，其中$S=1.2\%$、$S=0.3\%$、$P=1.8\%$，黏度$\mu=30mPa·s$，流速$v=0.1mL/min$；反应前测得岩心相关物性参数：长度为10cm，直径为2.5cm，孔隙体积为13.44cm³，实验过程记录压力差，根据达西公式：

$$K = 0.1 \frac{Q\mu L}{S\Delta p} \qquad (1-1)$$

式中 K——单位长度上岩心的渗透率，mD；

      Q——总流量，cm^3/s；

      S——横截面积，cm^2；

      μ——流体黏度，$mPa \cdot s$；

      L——驱替距离，cm；

      Δp——压力差，MPa。

由于流速 $v=Q/S$，因此：

$$K = 0.1 \frac{v\mu L}{\Delta p} \qquad (1-2)$$

可通过压力差计算岩心渗透率的变化趋势，而注入体积 $=V \times t/$ 孔隙体积，则不同温度、压力、pH 值条件下溶蚀结垢作用后的岩心渗透率对应注入体积（PV）的关系如图 1-16 至图 1-18 所示。由图中的渗透率变化规律可知，不同温度、压力、pH 值条件下溶蚀结垢作用对岩心的渗流规律没有产生明显影响。岩心受到复合体系中 OH⁻ 溶蚀作用，释放大量成垢离子，流体在岩心孔隙喉道内流动过程中在某些位置浓度达到过饱和，形成

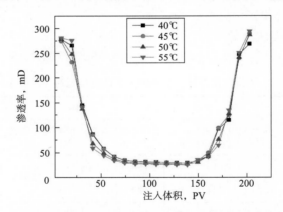

图 1-16   不同温度下溶蚀结垢作用后岩心的渗透率变化规律

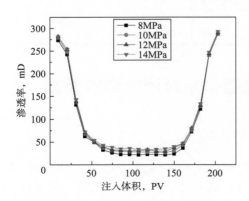

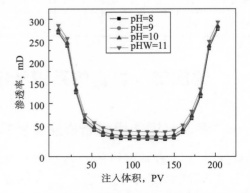

图 1-17   不同压力下溶蚀结垢作用后岩心的   图 1-18   不同 pH 值下溶蚀结垢作用后岩心的

          渗透率变化规律   渗透率变化规律

沉淀[3]，一方面由于现有实验体系生成的垢质量较少，且在高压反应釜边缘发现部分次生沉淀表明部分垢质被流体带出岩心；另一方面结垢微观上，主要分布在连通性差或驱替不可及区域，对渗流通道的影响不大。

二、溶蚀结垢作用对岩心孔隙结构的影响

岩心受到不同温度、压力、pH 值条件下复合体系的溶蚀作用，释放成垢离子在储层内随流体移动，岩心复杂的孔喉结构导致局部微环境满足离子化学及热力学条件形成沉淀，而溶蚀结垢作用进而又会导致储层孔隙结构发生一定程度的改变[4]。

不同温度下岩心受到溶蚀结垢作用后的渗透率、孔隙度、平均孔隙半径均有不同程度提升，分选系数略有下降（图 1-19），但变化规律均不明显，与温度没有显著相关性；岩心受到溶蚀结垢作用后，渗透率、孔隙度、平均孔隙半径的提升均表明溶蚀作用显著，而分选系数的下降则指示岩心喉道分选程度的升高，一方面由于岩心矿物受到复合体系的溶蚀程度不同，小孔隙内的黏土矿物受到溶蚀，孔隙变大；另一方面由于少量垢质的生成可能堵塞部分喉道。

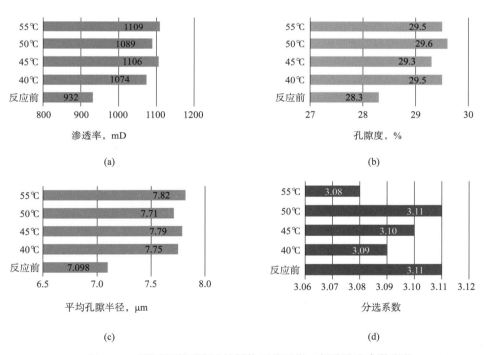

图 1-19　不同温度下溶蚀结垢作用前后岩心部分孔喉参数变化

不同压力条件下复合体系溶蚀后的岩心渗透率、孔隙度、平均孔隙半径均有所提升，分选系数略有下降（图 1-20），但与压力条件相关性不明显。在储层温压范围内（40~55℃，8~14MPa），温度、压力的变化对岩心溶蚀结垢作用的影响有限，并未与岩心孔隙结构变化产生明显相关性。

不同 pH 值条件下溶蚀结垢作用对孔隙结构的影响更加显著，与反应前相比，岩心渗透率、孔隙度、平均孔隙半径均随 pH 值的增大而提升，分选系数略有下降（图 1-21），

弱碱性条件下（pH<11）各组间的孔喉参数变化不明显，当 pH=13 时，岩心受到溶蚀程度明显增加。

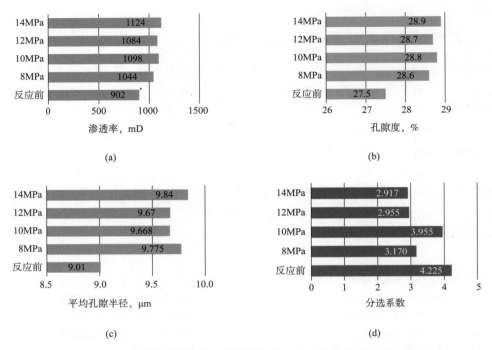

图 1-20　不同压力下溶蚀结垢作用前后岩心部分孔喉参数变化

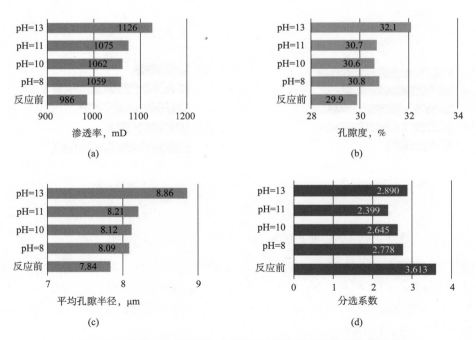

图 1-21　不同 pH 值下溶蚀结垢作用前后岩心部分孔喉参数变化

三、复合体系溶蚀结垢作用对渗流影响的机理

岩心受到溶蚀结垢作用后，渗透率、孔隙度、平均孔隙半径的提升均表明溶蚀作用显著，而分选系数的下降则指示岩心喉道分选程度的提升，由 SEM 二次电子像（图 1-22）可以看出，岩心样品经过复合体系作用，骨架矿物——长石及石英颗粒变化不明显，溶蚀前粒间孔隙被黏土矿物充填，复合体系作用后，小孔隙内粒间黏土矿物受到溶蚀现象显著，含量降低，且在颗粒边缘位置发现少量次生矿物颗粒，这与图 1-23 中不同温度、压力、pH 值条件下的岩心 XRD 图谱显示结果一致。

（a）溶蚀前岩心二次电子像

（b）溶蚀前粒间孔被黏土充填

（c）未受溶蚀的黏土矿物

（d）溶蚀后岩心二次电子像

（e）溶蚀后粒间黏土含量降低

（f）溶蚀后黏土矿物及次生颗粒

图 1-22　溶蚀结垢作用前后岩心粒间孔内黏土受到溶蚀的二次电子像

Raman 数据（图 1-23）显示岩心中长石的 Si—O 键及 Al—O 键在复合体系作用后特征峰均向低频方向移动说明化学键长增加，键能减小，是化学键趋于断裂的证据。这表明岩心在受到复合体系作用时，骨架矿物与黏土矿物同时受到碱溶作用，而黏土矿物受到溶蚀作用更加强烈应是岩心孔隙喉道变化的主要原因。

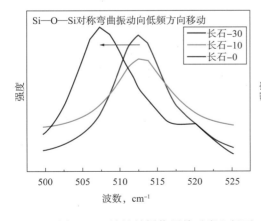
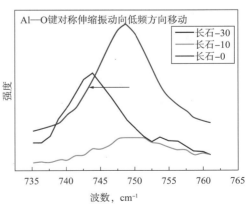

图 1-23　溶蚀结垢作用前后岩心长石 Si—O 键及 Al—O 键的拉曼特征峰变化

一方面由于黏土矿物普遍具有层状结构，层间阳离子交换作用使得 OH⁻ 进入层间域，易与 Si—O 骨干相互作用；另一方面岩心中的长石、石英等骨架矿物颗粒粒度远大于黏土矿物，OH⁻ 对 Si—O 四面体及 Al—O 八面体的破坏作用发生在固液界面，矿物粒度越小，比表面积越大，不同矿物之间比表面积的显著差异导致岩心中不同种类硅酸盐受到碱溶作用程度也大不相同，且不同黏土矿物之间受到的溶蚀作用也存在差异，表现在岩心孔隙结构上的变化，即孔隙度、渗透率、平均孔隙半径的提升，以及孔喉分选程度的增加。

额外设计了两组溶蚀结垢实验，分别将不同粒度，不同黏土含量的 8 组岩心与复合体系在储层温压条件下相互反应，其液相体系的 Si、Al 离子变化规律如图 1-24 所示，Si、Al 离子反应前期均迅速增加，随后 Si 离子呈波动趋势下降，而 Al 离子呈线性趋势下降，变化趋势与上文中黏土矿物离子的变化规律相似。Si、Al 离子的释放速率与岩心粒度及黏土含量均成正比，且受到的影响程度明显，这一研究结果验证了上文中得出的结论——储层中不同黏土矿物种类及含量，不同颗粒粒度及分选程度均会对复合体系与储层的溶蚀结垢作用产生影响，进而导致岩心孔隙结构发生变化。

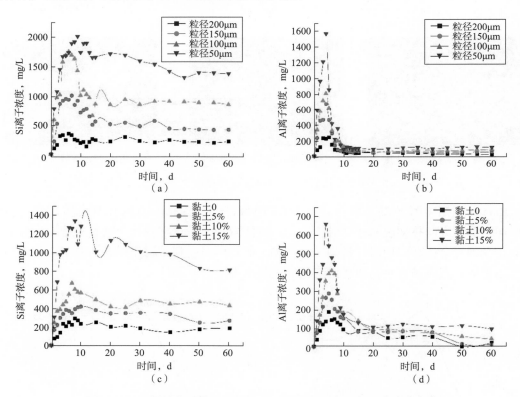

图 1-24　不同粒度及黏土含量的岩心溶出 Si、Al 离子浓度变化曲线

四、注聚合物形成油墙致使渗流能力下降

从驱油过程看，水驱阶段注入压力稳定；进入聚合物驱阶段注入压力迅速增加、渗流能力下降；三元复合驱阶段注入压力迅速增加，但下降幅度较注聚合物阶段减小；后续水

驱阶段，注入压力恢复到原水驱阶段大小，且略有减小。由此可以看出，注聚合物阶段对渗流能力的影响最大，三元复合驱阶段，复合体系降低了聚合物对渗流能力的影响程度，待三元复合驱阶段结束后，后续水驱阶段渗流能力较复合驱前有所增加，进一步说明了三元复合驱在一定程度上提高了岩心渗透率。

据分析，复合体系内聚合物的调剖作用，降低了高渗透部位的渗流能力，同时，其活塞式推进方式，致使聚合物推进过程中前端油墙的形成，黏度迅速上升，注入压力进一步上升，注入能力进一步下降。而三元复合驱过程中，聚合物、碱及表面活性剂共同作用下，注入压力也迅速上升，注入能力下降，但较单一聚合物驱，变化幅度降低。据分析，复合体系一方面降低油水界面张力，降低了流体黏度，另一方面，其乳化作用提高了部分原油的孔喉通过能力。由此可以看出，提高微乳相比例，有助于提高复合驱渗流能力，建议深入研究复合驱相态研究，研制大幅提高微乳相比例的驱油剂，实现驱油效率进一步提高（图1-25）。

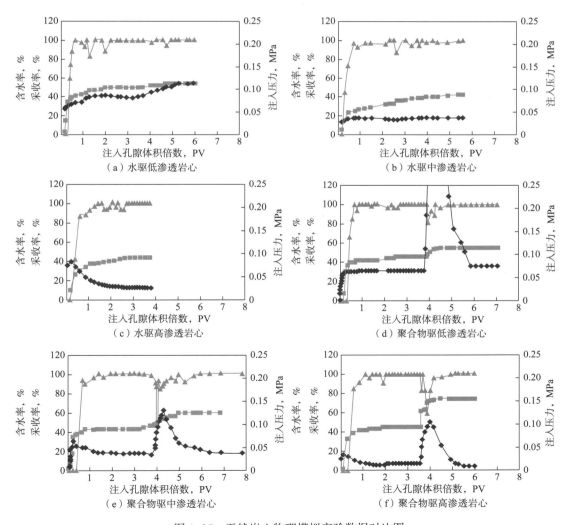

图1-25 天然岩心物理模拟实验数据对比图

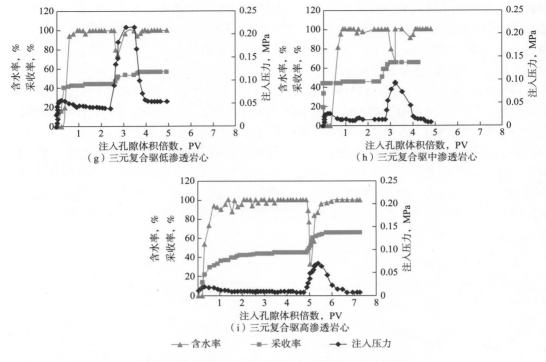

图 1-25 天然岩心物理模拟实验数据对比图（续）

五、复合体系弱碱化或无碱化有利于储层保护

化学驱前后取心井检测表明，与弱碱复合驱及聚合物驱比，强碱复合驱后储层平均孔隙半径、孔隙度、渗透率增加幅度大，对储层伤害较大，复合体系弱碱化或无碱化有利于储层保护。

第二章 复合驱方案设计技术

三元复合驱油技术在大庆油田的现场试验和推广应用取得了较好的开发效果，但区块间提高采收率差别较大，造成这一差别的影响因素较多。在深入研究影响提高采收率效果因素的基础上，通过对三元复合驱开发层系井网的优化、注入方式及注入参数优化，最大幅度地降低不利影响，充分发挥三元复合驱提高驱油效率和扩大波及体积的效能，以取得最大幅度的提高采收率效果。

第一节 三元复合驱开发效果的主控因素

三元复合驱油技术在大庆油田的现场试验和推广应用取得了较好的开发效果，但区块间提高采收率差别较大。1994—2004年先后在不同地区开展的6个先导性矿场试验，比水驱提高采收率19.4~25.0个百分点，区块间相差5.6个百分点。2000年以来开展的6个工业性矿场试验效果差别也较大，比水驱提高采收率18.0~25.8个百分点，区块间相差7.8个百分点。同一区块内不同单井之间的受效差异更大。单井含水下降幅度有的不到10个百分点，有的却达到63.9个百分点；单井化学驱阶段采出程度有的不到5%，有的却达到40%以上。

在现场应用中，影响三元复合驱油效果的因素很多。其中较为主要的影响因素有地质因素、剩余油分布、化学驱时机、复合体系性能、开发管理因素等方面。

一、地质因素

在地质因素中，对开发效果影响较大的有构造、储层非均质、渗透率等。

1. 构造影响

大庆长垣喇萨杏油田是一北北东向的大型背斜构造，被划分成若干个区块开发，从已开发的区块效果看，位于构造顶部的区块，三元复合驱效果好于翼部的区块。特别是离构造顶部越远、越接近油水过渡带的区块，复合驱效果越差。造成这一影响的原因有两个。

一是因为由构造顶部到翼部原油黏度增大。根据数值模拟研究结果（图2-1），对于同一黏度的三元驱替体系，地下原油黏度越高，复合驱效果越差。地下原油黏度由7mPa·s增加到15mPa·s，三元复合驱提高采收率值降低2.3~3.0个百分点。

二是因为由顶部到翼部油层倾角增大。大庆油田在背斜的顶部区块，油层平缓，倾角一

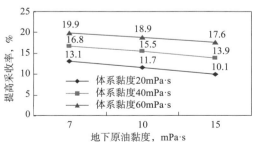

图2-1 复合驱提高采收率与地下原油黏度
关系图

般低于 2°，往翼部倾角增大至 6° 以上。根据来弗里特方程，油层倾角越大，开采时油井含水上升速度越快，最终开采效果越差。

2. 储层非均质影响

1）层内非均质

根据大庆油田三元复合驱工业化试验区块单井统计，随着单井渗透率变异系数的增大，化学驱阶段采出程度降低（图 2-2）。

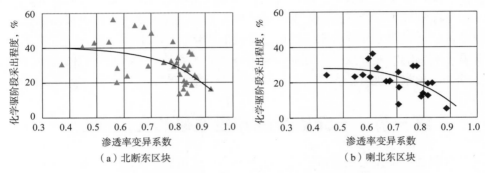

图 2-2　试验区单井化学驱阶段采出程度与渗透率变异系数关系图

建立 1 注 4 采纵向 3 层非均质地质模型，层间无隔层。模拟计算不同渗透率变异系数条件下，即不同层内非均质强度下，三元复合驱提高采收率情况。由模拟计算结果（图 2-3）看出，采用不同黏度的三元复合体系，层内非均质性对驱油效果的影响规律是不同的。

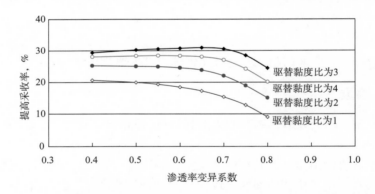

图 2-3　不同驱替黏度比条件渗透率变异系数与提高采收率关系

当三元复合体系黏度较低，驱替黏度比（地下工作黏度与地层原油黏度之比）低于 2 时，随着油层非均质性增强，复合驱效果逐渐变差，且驱替黏度比越小，非均质程度对驱油效果的影响越大。

当三元复合体系黏度较高，驱替黏度比达到 3 及以上时，则表现出与低黏体系条件下不同的情形：随着渗透率变异系数的增大，非均质性增强，驱油效果先变好再变差，出现驱替黏度比与渗透率变异系数最佳匹配点；非均质程度越强，所需的最佳匹配黏度比越高。当渗透率变异系数为 0.60 时，最佳驱替黏度比为 3；当渗透率变异系数为 0.65 时，最佳驱替黏度比为 4；若渗透率变异系数继续增大，最佳驱替黏度比也随之增大。这种情形近似于聚合物驱的特点，实际上是当三元复合体系黏度较高时，不但提高了驱油效率，也发挥了较强的调剖作用；而当三元复合体系黏度较低时，其驱油效果以提高驱油效率为主，调剖作用较弱，便不显现近似于聚合物驱的特点。

对于非均质较强的油层，必须提高黏度比，在充分扩大波及体积的前提下，提高驱油效率。大庆油田在非均质较强的二类油层开展的三元复合驱工业化试验均采用了较高体系黏度，驱替黏度比达到 3~5，均取得了较好的阶段开发效果，提高采收率达到 20 个百分点以上。

2）层间非均质

根据大庆油田三元复合驱矿场资料统计，随着层间渗透率级差增大，相对差油层动用比例降低。NLQ 区块发育最好的单元油层动用厚度比例为 93.6%，其他单元与该层的渗透率级差分别是 1.2、2.5、3.0、4.0、4.9、5.5、7.2、7.7，对应的油层动用厚度比例分别是 91.6%、69.8%、58%、25.9%、14.5%、12.2%、4.8%、1.9%。单井化学驱阶段采出程度也同样随渗透率级差的增大而下降（图 2-4）。

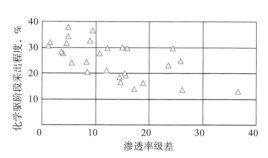

图 2-4　BDD 区块单井渗透率级差与采出程度关系

建立 3 层非均质地质模型，层间有隔层。模拟计算不同渗透率极差条件下，三元复合驱提高采收率情况。由模拟计算结果（图 2-5）看出，随着渗透率级差增大，受效提前，但含水下降幅度减小，提高采收率降低（图 2-6）。

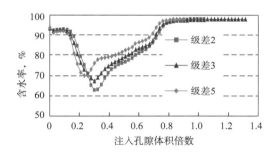

图 2-5　数值模拟渗透率级差与含水变化关系图

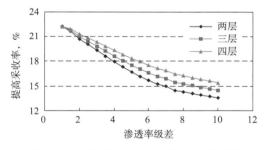

图 2-6　渗透率级差与提高采收率关系图

3）复合驱控制程度影响

大庆油田三元复合驱主要目的层——二类油层河道窄、低渗透薄差层和尖灭区发育，造成井网对油层的控制程度降低；又由于三元复合体系中具有较大几何尺寸聚合物分子的存在，使那些低渗透小孔隙的油层难以进入，从而进一步缩小了三元复合体系在油层内的波及程度，也可理解为降低了三元复合体系对目的油层的控制程度。为此，引入"复合驱控制程度"这一概念，来表征在一定井网井距条件下，注入由一定相对分子量聚合物配置的三元复合体系时，对目的油层的控制程度。复合驱控制程度主要与油层静态参数、砂体平面连通情况以及注入体系中聚合物相对分子量密切相关。要达到较高的复合驱控制程度，必须具备油层平面砂体连通程度较高并且选择与油层条件相匹配的聚合物相对分子量这两个条件。

对单井组复合驱控制程度与阶段提高采收率的关系统计结果表明，复合驱控制程度越

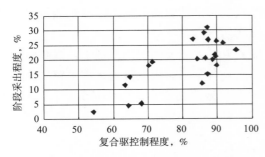

图 2-7　单井组复合驱控制程度与阶段采出
程度关系图

高，化学驱阶段采出程度越高（图 2-7）。

建立平面非均质地质模型，模拟计算复合驱控制程度对驱油效果的影响。从数值模拟结果来看，复合驱控制程度越高，驱油效果越好。复合驱控制程度在 80% 以下时，控制程度的变化对驱油效果影响较大，控制程度从 60% 增加到 80%，复合驱提高采收率值从 15.0 个百分点增加到 20.4 个百分点，增加了 5.4 个百分点。控制程度达到 80% 以上后，对驱油效果影响变小，控制程度从 80% 增加到 100%，复合驱控制程度同样是提高了 20 个百分点，采收率提高值仅增加了 1.7 个百分点。要使复合驱提高采收率达到 20% 以上，复合驱控制程度必须达到 80% 以上。

3. 渗透率影响

根据对单井资料的统计，有效渗透率低于 300mD 的井开采效果明显变差；区块间比较，低渗透油层射开比例较大的区块，开采效果也明显变差。为此用大庆油田天然岩心开展了物理模拟实验。实验结果表明，气测渗透率 600mD 以下的岩心，水驱采收率与三元复合驱提高采收率明显变低，三元复合驱提高采收率低于 18 个百分点（图 2-8）。

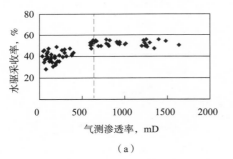

（a）

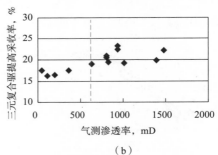

（b）

图 2-8　天然岩心气测渗透率与采收率关系图

二、剩余油分布

1. 矿场资料统计

统计 NWQ 一类油层强碱三元试验区、BDD 二类油层强碱三元试验区和 LBD 二类油层强碱三元试验区的实际资料，都表明剩余油饱和度越高、化学驱初始含水越低，三元复合驱的效果越好。

NWQ 受效最好的井是位于两排基础井网水井排中间位置剩余油饱和度较高区域的井；BDD 受效最好的井是位于试验区北部剩余油饱和度较高区域的井。

图 2-9 是南五区、北断东区块、喇北东区块及北二西试验区中心采油井水驱剩余油饱和度与化学驱阶段采出程度的关系，可以看到四个区块有相同的规律。同一区块内水驱剩余油饱和度越高的井，化学驱阶段采出程度越高，水驱剩余油饱和度越低的井，化学驱阶段采出程度也越低。

图 2-10 是 NWQ、BDD 及 LBD 试验区中心采油井初始含水与化学驱阶段采出程度的关系，可以看到三个区块有相同的规律。同一区块内初始含水越高的井，化学驱阶段采出程度越低，初始含水越低的井，化学驱阶段采出程度越高。

初始含水的高低间接反映剩余油的多少，因此以上两点说明：剩余油越多，复合驱效果越好，剩余油是取得较好驱油效果的物质基础。

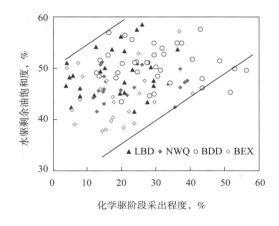 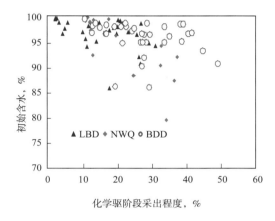

图 2-9　水驱剩余油与化学驱阶段采出程度的关系　　　图 2-10　初始含水与化学驱阶段采出程度的关系

2. 数值模拟结果

建立单层均质模型，有效厚度为 3.0m，有效渗透率为 500mD，网格数为 9m×9m，一注一采，注采井距为 125 m。分别水驱至含水 90%、94%、98% 后进行化学驱，先注入 0.06PV 孔隙体积的聚合物前置段塞，再注入 0.3PV 孔隙体积的三元主段塞、0.15PV 孔隙体积的三元副段塞及 0.2PV 孔隙体积的后续聚合物段塞。三种含水条件下进行化学驱提高采收率分别为 22.3 个百分点、20.2 个百分点、18.2 个百分点。提取注入孔隙体积 0.1、0.15、0.20、0.25、0.30、0.40 倍时的含水饱和度场（图 2-11），可以看到化学驱前含水越低，即越早转注化学驱，水驱剩余油饱和度越高，形成的油墙规模越大，油墙到达采出井的时间越早，且突破时间越晚。这与现场实际资料的统计结果相一致。即初始含水低、剩余油饱和度高的井见效早，含水下降幅度大，低含水期持续时间长，提高采收率值高，开采效果好。

三、化学驱时机影响

1. 矿场资料统计

随着越来越多的区块投入开发，注入时机对三元复合驱效果的影响表现得也越来越明显。一个区块水驱时间越长，采出程度越大，采出液含水率越高，进行三元复合驱的效果会越差。为了同时反映水驱采出程度和含水率的影响，将二者乘积作为一项因素考虑，计作 $f \cdot \mathrm{ew}$（用小数形式表示）；用 E_p 表示每注入 0.1PV 孔隙体积化学剂的提高采收率值。以 $f \cdot \mathrm{ew}$ 作横坐标、E_p 作纵坐标作图 2-12，可以看到随着水驱含水率和采出程度的提高，每注入 0.1PV 孔隙体积化学剂的提高采收率值呈现下降的趋势。这说明较早进行三元复合驱会取得更好地提高采收率效果。

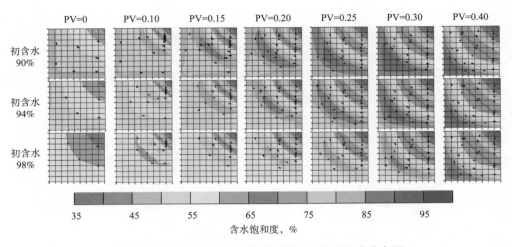

图 2-11 不同初始含水化学驱过程中含水饱和度分布图

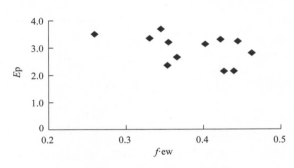

图 2-12 E_p 与 $f \cdot ew$ 关系图

从区块单井化学驱初始含水与开采效果的对比结果看，同样显示与上述相同的规律：化学驱初始含水相对低的井受效期含水下降幅度大，化学驱阶段采出程度高。

2. 物理模拟实验

实验采用人造长条三层非均质岩心（尺寸为 4.5cm × 4.5cm × 30cm，孔隙度 25% 左右，渗透率为 800mD 左右，变异系数为 0.72）模拟了不同含水率条件下进行三元复合驱的提高采收率效果。

实验结果表明：化学驱越早，含水率和水驱采出程度越低，化学驱含水率下降幅度越大，阶段采出程度越高，最终采收率也越高。说明在水驱含水率达到 75% 以后进行三元复合驱时，化学驱越早，阶段开发效果和最终开发效果越好（表 2-1）。

表 2-1 三层非均质人造岩心不同转注时机化学驱效果对比表

气测渗透率 mD	含油饱和度 %	初始含水率 %	水驱采出率 %	化学驱采出率 %	最终采收率 %
806	71.3	75	42.2	32.4	74.6
792	70.9	90	49.8	22.7	72.5
812	70.7	98	53.1	17.6	70.7
796	70.6	100	54.5	15.4	69.9

3. 数值模拟结果

为了进一步研究注入时机对三元复合驱效果的影响，建立典型地质模型进行了数值模拟计算。地质模型分三层，平均渗透率为 500mD，变异系数分别为 0.65 和 0.75，注采井距为 125m，化学驱控制程度为 100%。

数值模拟结果表明，变异系数为 0.65 的模型，在化学驱初始含水 86%、92%、96.5%、98% 条件下提高采收率分别为 27.4%、25.6%、24.0% 和 23.0%；变异系数为 0.75 的模型，在化学驱初始含水为 86%、92%、96.5%、98% 条件下提高采收率分别为 24.1%、21.5%、19.2% 和 18.2%。由此看出在含水 86%~98% 的区间内开展化学驱，注入时机越早化学驱效果越好，初含水每下降 1 个百分点提高采收率上升 0.3~0.7 个百分点。同时还可以看到，非均质越强，注入时机对三元复合驱效果影响越大。

以上结论可以从以下几个方面解释。

一是由于相对渗透率的变化。随着水驱时间的延长和驱替倍数的增加，油层强水洗厚度不断增加，有的区块甚至达到 60% 以上。油层经过长时间水驱后，其孔隙结构、润湿性及渗流特性都会发生较大程度的改变。根据以往的研究，不论是水湿性油层还是油湿性油层，水驱开发时间越长，油层剩余油饱和度越低，水相渗透率逐渐增加，油相渗透率逐渐降低，也就是水油流度比增加。油层经过强水洗后，相渗曲线更会发生明显变化（图 2–13），在较高含水饱和度时，水相渗透率急剧上升，水油流度比增加，可达到 15 倍以上。三元复合驱是通过增加体系黏度，降低水油流度比，控制指进现象和调整注入剖面，从而扩大波及体积；通过在驱替液中加入碱和表面活性剂降低油水界面张力，提高波及区域内的驱油效率。因此在油层物性所允许的前提下，增加体系黏度控制水油流度比是至关重要的。以往研究成果证明水油流度比 M 降低到 1.0 以下可有力改善开发效果。

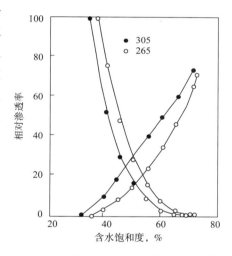

图 2–13 强水湿岩样相对渗透率曲线

$$M = \frac{\lambda_w}{\lambda_0} = \frac{K_w}{\mu_w} \cdot \frac{\mu_0}{K_0} = \frac{K_w}{K_0} \cdot \frac{\mu_0}{\mu_w} \qquad (2-1)$$

式中　M——水油流度比；

　　　λ_w——水流度，$mD/(Pa \cdot s)$；

　　　λ_0——油流度，$mD/(Pa \cdot s)$；

　　　K_w——水相渗透率，mD；

　　　K_0——油相渗透率，mD；

　　　μ_w——水的黏度，$Pa \cdot s$；

　　　μ_0——油的黏度，$Pa \cdot s$。

由式（2-1），若 K_w/K_0 增大，则需要降低 μ_0/μ_w 才能使 M 降低到 1.0 以下。参考图 2-13 中的相对渗透率曲线，当油层经过强水洗，含水饱和度达到 60% 时，K_w/K_0 可达到 5.4 倍和 16.7 倍，若油的黏度 $\mu_0=8mPa\cdot s$，驱替相的黏度就应达到 43mPa·s 和 134mPa·s 以上，才能使 $M\leqslant1.0$。考虑体系由配制系统至炮眼的黏度损失为 50%，那么注入体系配置黏度分别要求大于 90mPa·s 和 270mPa·s。如此高的体系黏度与大庆油田的多数油层是不匹配的，无法实现正常注入。因此三元复合驱注入时机越晚，油层水洗程度越强，流度控制所需的驱替体系的黏度要求越大，当油层物性所要求的匹配黏度不能达到这一黏度时，水油流度比将达不到 1.0 以下，最终会影响开发效果。

二是由于乳化程度的不同。关于注入时机的物理模拟实验中同时考察了注入过程中的压力变化，初始含水为 75%、90%、98%、100% 条件下，注入化学剂后，注入压力分别上升 0.42MPa、0.35MPa、0.33MPa、0.29MPa；每注入 0.1 倍孔隙体积，注入压力分别上升 0.14MPa、0.11MPa、0.10MPa、0.09MPa。注入压力的上升幅度不同反映了岩心中原油乳化程度的不同。初始含水越低，水驱剩余油饱和度越高，越有利于乳化，形成的乳状液黏度越大，注入压力上升幅度也就越大。而乳化程度越强越有利于提高驱油效果。

另外还有一些原因导致化学驱注入时机越晚越对开发效果不利：（1）水驱时间越长，高、低渗透层驱替倍数差别越大，含水率差别也越来越大，造成吸水、采液能力差异增大，剖面调整难度增加；（2）水驱时间延长，剩余油饱和度降低，原油重质组分增加，黏度增大，流度下降，水油流度比增大；（3）水驱时间延长，微观剩余油中易于驱动的簇状剩余油和膜状剩余油比例减少，不易驱动的盲状、角隅状剩余油比例增大。

四、三元复合体系性能

1. 界面张力

三元复合驱提高采收率的最重要机理就是依靠体系界面张力达到 $10^{-3}mN/m$ 数量级超低范围，从而增加毛细管数提高驱油效率，因此体系的界面张力是否达到超低对三元复合驱的效果起着至关重要的作用。

采用气测渗透率相近的天然岩心进行了不同界面张力三元复合体系的物理模拟实验，结果表明体系界面张力达到 $10^{-3}mN/m$ 数量级的实验，平均提高采收率 20.4 个百分点；体系界面张力在 $10^{-2}mN/m$ 数量级的实验，平均提高采收率 16.3 个百分点；体系界面张力在 $10^{-1}mN/m$ 数量级的实验，平均提高采收率仅 12.8 个百分点。这组实验说明要使三元复合驱提高采收率达到 20 个百分点以上，三元复合体系的界面张力必须达到 $10^{-3}mN/m$ 数量级超低范围。

2. 黏度

三元复合驱提高采收率的另一机理是增加体系黏度，扩大波及体积，也只有在扩大波及体积的前提下，达到超低界面张力的三元复合体系才能在其波及的范围内发挥其提高驱油效率的作用。当然三元复合体系乳化增黏后也扩大波及体积。

建立不同非均质条件的地质模型，模拟体系黏度对驱油效果的影响。为了消除地下原油黏度的影响，采用无量纲的驱替黏度比作为模拟参数。模拟结果（图 2-14）显示随着驱替黏度比的增大，复合驱效果变好；非均质程度越强（即渗透率变异系数 V_k 越大），黏度对驱油效果的影响越大。因此对于非均质较强的油层，采用高黏体系更有利于提高采收率。大庆油田近几年开展的北一区断东和喇嘛甸北东块二类油层强碱三元复合驱工业化矿场试验，都采取了高黏的三元复合体系，北一区断东驱替黏度比达到 3，喇嘛甸北东块驱替黏度比达到了 5，两区块都取得了很好的开发效果。

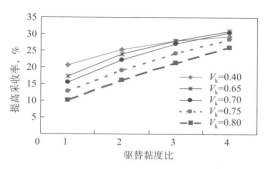

图 2-14 不同非均质条件油层驱替黏度比与提高采收率关系

除了以上因素对三元复合驱开发效果影响较大以外，还有地层压力、注采比、水驱井干扰、增产增注措施、生产时率、套损等因素也会不同程度地影响三元复合驱的开发效果。比较有利的做法是地层压力不低于原始饱和压力，注采比保持在 1.0 左右，同层系水驱井网井全部封堵，措施及时，生产时率达到 95% 以上，区块内无成片套损区。

第二节 三元复合驱井网井距与层系组合

对油田开发而言，注采井网、井距设计的核心任务是使井网、井距最大限度地适应所开发层系的油层分布状况，以获得最大的采收率，同时要在保证良好的经济效益前提下，满足对采油速度的需求。三元复合驱与水驱和聚合物驱有着不同的开发特点，一是由于注入体系黏度增加，以及化学剂在油层中的吸附滞留作用，使得流度比降低，油层渗透率下降，流体的渗流阻力增加，压力传导能力下降，因而注采能力与水驱相比大幅度降低；二是由于三元复合驱油过程中结垢与乳化的影响，其开采特点与同样黏度的聚合物驱相比也有较大的差异。大庆油田三元复合驱的潜力油层主要集中在纵向和平面非均质较严重的二类油层，因此三元复合驱井网井距的选择，要综合考虑井网井距对油层性质的适应性以及对驱油效果和注采能力的影响。

一、井网井距的选择

1. 不同井网驱油效果数值模拟研究

为了对比不同井网条件下三元复合驱的开发效果，应用三维化学驱数值模拟软件进行了计算研究，取常见的直行列、斜行列、四点法、五点法、七点法、九点法、反九点法等七种井网，应用化学驱软件进行了模拟计算，并对其计算的三元复合驱驱油效果进行对比分析，选择驱油效果最好的井网[5]。

对不同井网的数值模拟计算分为两个部分：首先从模型初始状态开始水驱到综合含水 98%，获得水驱采收率；再应用相同模型，取含水 96% 时的地下含水饱和度参数，进行三元复合体系注入。模拟的注入程序为先注入 0.3PV ×［1.0%（质量分数）（碱）+0.3%（质量分数）（表面活性剂）+1200mg/L（聚合物）］的三元主段塞，再注入 0.2PV ×［600mg/L（聚合物）］的后续保护段塞，最后注清水到模型综合含水 98%，获得三元复合驱的采出程度，对不同井网模型的计算结果参见表2-2。

表2-2　不同井网水驱、三元复合驱采收率表　　　单位：%

井网	水驱采收率	复合驱采收率	复合驱比水驱提高采收率
直行列	39.99	59.63	19.64
斜行列	41.02	61.36	20.28
五点法	41.12	61.44	20.32
九点法	40.26	59.76	19.50
反九点法	40.78	60.93	20.15
四点法	40.34	60.56	20.24
七点法	39.12	57.78	18.66

表2-2的计算结果表明，在油层条件、注采井距和注采速度相同的前提下，只改变井网类型，水驱采收率的最大值与最小值相差2.0%。水驱开发效果较好的井网，三元复合驱效果也相对较好。上述不同井网在注入程序、段塞配方、注入化学剂量相同的条件下，三元复合驱最终采收率相差3.66%，但三元复合驱采收率比水驱采收率提高值仅相差1.66%。三元复合驱以五点法井网提高采收率的效果最好，斜行列、四点法、反九点法的效果次之，但差别不大，七点法、九点法和直行列井网的效果相对较差。因此，从上述水驱到含水96%后，再注入三元复合体系的数值模拟计算的驱油效果看，三元复合驱同水驱一样，采用多种面积井网布井方式都是可行的，五点法、斜行列、四点法井网的提高采收率效果都比较好。

2. 从试验区的动态研究井网的适应性

油田开发过程受多种因素影响，对大面积的开发区块而言，不同井网的油水井数比不同，反九点法为3∶1，四点法为2∶1，直行列、斜行列、五点法的油水井数比为1∶1，七点法为1∶2，九点法为1∶3。在注入速度相同的条件下，不同井网注入井的单井注入强度不同，而三元复合驱同聚合物驱一样，注入液的黏度较高，在注入过程中，注入井注入压力升高，生产井的流动压力降低。因此，要保证三元体系的顺利注入，不出现注入井注入压力高于油层破裂压力，生产井流压降低太大，导致产液困难的情况，采用合理的注采井网是十分重要的[6]。

童宪章依据注采平衡原理，推导的不同面积井网各种井数相对值如下：

相对生产井数：

$$x = \frac{2(n + 2m - 3)}{n - 3}　　　　（2-2）$$

相对注水井数：

$$y = n + 2m - 3　　　　（2-3）$$

相对总井数：

$$T = \frac{(n - 1)(n + 2m - 3)}{n - 3}　　　　（2-4）$$

式中　n——标准面积井网；

m——产液指数与吸水指数的比。

n为人为控制变量，m基本上受地层、流体性质及完井方式的影响。依据式（2-2）至式（2-4），不考虑油藏非均质性影响，以总井数最少、产液量较高为原则，在相同的开采速度条件下，可根据油藏的 m 值来选择合理的井网。

大庆油田在 20 世纪 80 年代后期，通过喇萨杏油田的注采系统调整研究认为，油田获得最高产液量的油水井数比与产液指数和吸水指数有关，它等于吸水指数与产液指数比值的平方根。

$$R = \frac{N_o}{N_w} = \sqrt{\frac{1}{m}} = \sqrt{\frac{j_w}{j_1}} \qquad (2\text{-}5)$$

式中　R——采油井井数与注水井井数比值；

　　　N_o，N_w——采油井、注水井井数，口；

　　　J_w——注水井吸水，$m^3/(d \cdot MPa)$；

　　　J_1——采油井采液指数，$t/(d \cdot MPa)$。

从上述原理出发，对已进行的四个三元复合驱矿场试验区的产液指数、吸水指数数据进行了统计。考虑已进行的试验区井数及面积都相对较小，因此，将全区及中心井的产液指数、吸水指数数据和计算的 m、R 分别列于表 2-3 和表 2-4 中。

表 2-3　矿场试验区注三元体系后全区产液、吸水指数统计表

区块	吸水指数 $m^3/(d \cdot MPa \cdot m)$	产液指数 $t/(d \cdot MPa \cdot m)$	产液指数/吸水指数 （m）	油水井数比 （R）
杏五区 P I 22	8.42	4.79	0.57	1.32
中区西部	1.14	0.58	0.51	1.40
杏二区西部	1.48	0.92	0.62	1.27
北一断西	3.02	2.68	0.89	1.06

表 2-4　矿场试验区注三元体系后中心井产液指数、吸水指数统计表

区块	吸水指数 $m^3/(d \cdot MPa \cdot m)$	产液指数 $t/(d \cdot MPa \cdot m)$	产液指数/吸水指数 （m）	油水井数比 （R）
中区西部	1.14	0.37	0.32	1.77
杏二区西部	1.48	0.68	0.46	1.47
北一断西	3.02	0.88	0.29	1.85

从表 2-3 和表 2-4 中可以看出，杏五区、中区西部、杏二区西部、北一区断西应用全区数据计算的 m 值分别为 0.57、0.51、0.62、0.89，中区西部、杏二区西部、北一区断西应用中心井数据计算的 m 值分别为 0.32、0.46、0.29，应用中心井数据计算的 m 值均较全区的小，且均小于 1，这反映出各试验区注入三元复合体系后注水井的吸水能力显著大于产油井的产液能力。依据 m 值的变化范围及选择井网原则，选择五点法和四点法面积注水井网均较为合理。依据 R 值的变化范围，三元复合驱选择五点法、斜列或四点法面积注采井网也是较为合理的。全区数据的计算结果表明选择五点法井网相对更为合理，中心井数据的计算结果表明选择四点法井网相对更为合理。大庆油田已开展的三元复合驱矿场试验注采井距从 75m 到 250m 不等，从矿场实践来看，注采井距直接影响着化学驱控制程度、驱替剂的注入速度以及注采能力，最终影响采收率提高幅度 [7-10]。

3. 注采井距对控制程度和驱油效果的影响

大庆油田的三元复合驱潜力油层主要集中在纵向和平面非均质较严重的二类油层，特

别是由于二类油层河道窄、低渗透薄差层和尖灭区发育，造成井网对油层的控制程度降低。又由于三元体系中具有较大几何尺寸聚合物分子的存在，使那些低渗透小孔隙的油层难以进入，从而进一步缩小了三元体系在油层内的波及程度，也可理解为降低了三元体系对目的油层的控制程度。为此，引入"复合驱控制程度"这一概念，来表征在一定井网井距条件下，注入某一分子量聚合物配置的三元体系时，对目的油层的控制程度。复合驱控制程度主要与油层静态参数、砂体平面连通情况以及注入体系中聚合物分子量密切相关。要达到较高的复合驱控制程度，必须具备油层平面砂体连通程度较高并且选择与油层条件相匹配的聚合物分子量这两个条件（图2-15）。

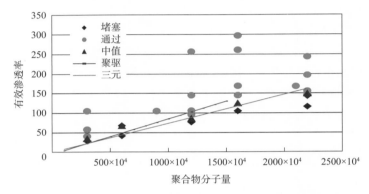

图2-15　不同聚合物分子量三元体系与聚合物溶液可进入的油层渗透率下限

1）复合驱控制程度的计算

"复合驱控制程度"由"水驱控制程度""聚驱控制程度"发展而来。"水驱控制程度"是指以油井为中心划分井组，油井与井组内注入井的累计连通有效厚度与井组总有效厚度的百分比。"聚驱控制程度"是指以注入井为中心划分井组，一定分子量的聚合物溶液可进入的油层孔隙体积占井组总孔隙体积的百分比。"复合驱控制程度"实际是由"聚驱控制程度"引申而来。由于三元体系中碱的加入，大大增加了矿化度，使得聚合物分子在三元体系中的分子回旋半径较其在水溶液中的分子回旋半径变小，因此，相同聚合物分子量、相同聚合物浓度条件下，三元体系比单纯的聚合物体系可进入的油层渗透率下限要低。图1-29是天然岩心的物理模拟实验结果，可以看到相同聚合物分子量的三元体系与聚合物溶液相比，三元体系可进入的油层渗透率下限更低。由此得出相同井距、相同聚合物分子量条件下，三元复合驱控制程度要略高于聚合物驱控制程度。

"复合驱控制程度"的计算公式为：

$$\eta_{asp} = \frac{V_{asp}}{V_t} \qquad (2-6)$$

$$V_{asp} = \sum_{j=1}^{m} \left[\sum_{i=1}^{m} (S_{aspi} \cdot H_{aspi} \cdot \varPhi) \right] \qquad (2-7)$$

式中　η_{asp}——复合驱控制程度；

V_{asp}——三元体系中聚合物分子可进入油层孔隙体积，m^3；

S_{aspi}——第j层第i井组复合驱井网可控制面积，m^2；

H_{aspi}——第 j 层第 i 井组三元体系中聚合物分子可进入的注采井连通厚度，m；

V_t——总孔隙体积，m^3；

ϕ——孔隙度，%。

2）井距对复合驱控制程度的影响

井距对复合驱控制程度的影响取决于油层的平面连通状况，对于河道砂大面积发育，平面上连通较好的一类油层，井距在 250m 以下变化时，对控制程度的影响都不大；但是对于河道窄、平面上连通差的二类油层，井距的变化对复合驱控制程度影响很大。井距缩小，有利于提高复合驱控制程度。表 2-5 是北一区断东二类油层强碱三元试验区萨 II 1-9 油层在不同井距条件下的复合驱控制程度（聚合物分子量 2500 万，渗透率下限为 170mD）。可以看到在 250m 井距时，复合驱控制程度仅为 59.5%，井距缩小到 175m 时，控制程度增加到 72.9%，井距进一步缩小到 150m 以下时，控制程度增加到 80% 以上[11]。

表 2-5 北一区断东复合驱控制程度与井距的关系

井距，m	250	175	150	125
复合驱控制程度，%	59.5	72.9	80.8	82.5

通过对长垣北部二类油层和南部一类油层的统计，2500 万分子量聚合物配制的三元体系，对目的层的控制程度要达到 80%，井距需要缩小到 100~175m。

3）复合驱控制程度对驱油效果的影响

应用平面非均质地质模型模拟计算复合驱控制程度与驱油效果的关系，结果如图 2-16 所示。从数值模拟结果来看，复合驱控制程度越高，驱油效果越好。复合驱控制程度在 80% 以下时，控制程度的变化对驱油效果影响较大，控制程度从 60% 增加到 80%，复合驱提高采收率值从 15.0% 增加到 20.4%，增加了 5.4 个百分点。控制程度达到 80% 以上后，对驱油效果影响变小，控制程度从 80% 增加到 100%，复合驱提高采收率值从 20.4% 增加到 22.1%，仅增加 1.7 个百分点。要使复合驱提高采收率达到 20% 以上，复合驱控制程度必须达到 80% 以上。

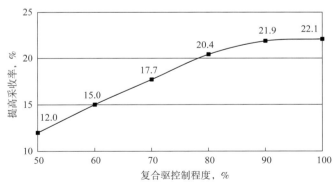

图 2-16 复合驱控制程度与提高采收率关系图

已开展的先导性矿场试验由于规模小、油层单一且平面连通性较好，注采井距在 75~250m 之间，复合驱控制程度均达到了 85% 以上，为试验取得提高采收率 20% 以上的效果奠定了基础。第一个工业性试验区杏二区中部由于采用 250m 井距，试验区西部油层发育较差，导致试验区西部复合驱控制程度低，仅为 57.0%，最终导致西部的试验效果较差，提高采收率值比控制程度较高的试验区东部低 4.5 个百分点。之后开展的工业性矿场试验缩小了注采井距，使复合驱控制程度均达到了 80% 以上，为试验区取得好的开发效果提供了保证，见表 2-6。

表 2-6　杏二中试验区西部与东部复合驱控制程度对比表

区块	目的层	注采井距，m	控制程度，%	提高采收率，%
杏二中西部	葡Ⅰ 21-33	250	57.0	13.6
杏二中东部	葡Ⅰ 21-33	250	69.9	18.1
北一区断东	萨Ⅱ 1-9	125	82.5	23.0
南五区	葡Ⅰ 1-2	175	83.8	18.1
喇北东块	萨Ⅲ 4-10	120	83.7	19.4

4. 注采井距与注采能力的关系

由于高黏度体系的注入以及化学剂在油层中的滞留、吸附作用，使流度比降低，油层渗透率下降，流体的渗流阻力增加，反映在试验区注聚初期注入压力上升较快。从表 2-7 可以发现注采井距、试验层位、试验规模不同，试验区的注入能力变化较大，但总体规律是工业性矿场试验区的注入压力上升幅度要高于扩大型矿场试验及小型矿场试验；对于小型试验区压力升幅与注采井距之间变化关系不明显，但大规模工业性矿场试验区随着注采井距的增大注入压力上升幅度也是增大的。

表 2-7　各试验区注入能力变化情况表

区块		井距 m	有效渗透率 mD	化学驱注入速度 PV/a	化学驱最高压力上升值 MPa	压力上升幅度 %
先导性	小井距北	75	567	0.75	2.8	36.5
	小井距南	75	467	0.71	3.0	44.1
	杏二西	200	675	0.30	2.9	35.8
	北一断西	250	512	0.21	3.3	35.8
工业性	杏二中	250	404	0.10	6.8	109.7
	北一断东	125	670	0.18	5.2	96.0
	南五区	175	501	0.16	6.4	110.3
聚驱	北一、二排东	175	585	0.26	5.4	93.1
	北一、二排西	175	628	0.18	5.3	79.1

注采井距为 75m 的小井距南、北井组三元复合驱矿场试验区由于注采井数少、注采井距小、井网不封闭，尽管化学驱注入速度高达 0.71~0.75PV/a，但化学驱注入压力上升值在 3.0~2.77MPa 之间，注入压力上升幅度在 44.1%~33.46% 之间。而杏二中、南五区、

北一断东三个工业性矿场试验区由于注采井距大或试验规模大，化学驱注入速度虽仅保持在 0.1~0.18PV/a 左右，但注入压力上升幅度均在 95% 以上，且随着注采井距的加大压力上升幅度呈加大的趋势。

三元复合驱注入压力上升值与地层条件、注采井距、注入强度、三元体系黏度、注入速度等多种因素有关。对于五点法面积井网注入三元复合体系后，注水井的注入压力上升值可用式（2-8）表示：

$$\Delta p' = 0.002\phi \frac{\mu_{asp}}{K} \frac{r^2}{180} \ln\left(\frac{r}{r_w}\right) v_i \qquad (2-8)$$

式中 $\Delta p'$——复合驱较水驱注入压力上升值，MPa；

ϕ——孔隙度，%；

μ_{asp}——注入的三元体系黏度，mPa·s；

K——油层平均渗透率，D；

r，r_w——井距、井筒半径，m；

v_i——注入速度，PV/a。

注入压力的上升值与注采井距的平方及注入速度成正比关系，因此，为使三元体系注入后的注入压力不超过油层破裂压力，需合理匹配注采井距与注入速度的关系。考虑到大庆油田三元复合驱的潜力对象主要集中在二类油层，取油层平均有效渗透率 400mD，孔隙度 0.25，三元体系配方黏度 30mPa·s，分别计算了不同注采井距、不同注入速度时的注入压力上升值，计算结果参见表 2-8。

表 2-8 五点法面积井网三元复合驱注入速度、井距与压力上升值关系

速度 PV/a	不同井距下压力上升值，MPa					
	100m	125m	150m	175m	200m	250m
0.10	1.3	2.1	3.1	4.3	5.7	9.2
0.15	1.9	3.1	4.6	6.4	8.6	13.8
0.20	2.6	4.2	6.2	8.6	11.4	18.3
0.25	3.2	5.2	7.7	10.7	14.3	22.9
0.30	3.9	6.3	9.3	12.9	17.1	27.5

在相同注采井距下，注入压力的上升值随着注入速度的增大而增加；在相同注入速度下，注入压力的上升值随着注采井距的增大而增加。因此，为保证注入压力不超油层破裂压力，在采用较大的注采井距时，需匹配一个较小的注入速度，注采井距缩小时，可适当放大注入速度。从试验数据统计结果可知 7MPa 为二类油层三元复合驱压力上升值的上限，对于三元复合驱五点法面积井网，当注采井距 200m 时最大注入速度只能达到 0.12PV/a 左右；当注采井距 175m 时最大注入速度能达到 0.15PV/a 左右；注采井距 150m 时最大注入速度能达到 0.22PV/a 左右；当注采井距缩小到 125m 时最大注入速度可达到 0.3PV/a 左右。考虑到过低或过高的注入速度均不利于三元复合驱油，因此，三元复合驱

注采井距应控制在 100~175m 之间，满足三元复合驱年注入速度 0.15~0.30PV/a 较为合理的范围。

已开展的三元复合驱矿场试验结果表明，三元复合驱的采液能力明显低于聚合物驱。三元复合驱采液能力的变化与注采井距、乳化程度以及结垢程度密切相关。产液指数的下降一是由于注入高黏的三元体系后生产井流压下降，产液能力降低；二是由于三元体系在地下的吸附滞留、三元体系中的表面活性剂与原油产生黏度更高的乳化液等导致的流动阻力增加，压力传导能力下降。三是由于体系中碱的存在而发生程度或轻或重的结垢而导致采液能力的进一步降低。矿场试验统计数据表明随着注采井距的加大，三元复合驱采液能力下降幅度越大（表 2-9）。

表 2-9　三元复合驱产液能力对比表

| 区块 | 规模 | 注采井距 m | 产液指数 | | | 含水下降幅度 % | 最低含水 % |
			水驱 t/（d·MPa·m）	复合驱 t/（d·MPa·m）	下降幅度 %		
中区西部三元	4 注 9 采	106	0.94	0.40	57.8	38.4	48.6
北一断东	49 注 63 采	125	1.98	0.90	54.5	17.5	78.7
南五区	29 注 39 采	175	3.49	1.11	68.2	18.9	76.9
杏二西三元	4 注 9 采	200	10.32	2.40	76.7	49.3	50.7
北一区断西	6 注 12 采	250	10.20	1.50	85.3	40.6	54.4
杏二中三元	17 注 27 采	250	4.17	0.63	84.8	25.9	69.5

250m 注采井距的杏二中及北一断西两个试验区产液指数分别由水驱结束时的 4.17t/（d·MPa·m）和 10.2t/（d·MPa·m）下降到复合驱见效后的 0.63t/（d·MPa·m）和 1.5t/（d·MPa·m），下降幅度达 84.8% 和 85.3%。175m 注采井距的南五区产液指数由水驱结束时的 3.49t/（d·MPa·m）下降到复合驱见效后的 1.11t/（d·MPa·m），下降幅度也达到了 68.2%。

5. 三元复合驱注采井网井距的选择

从上述数值模拟计算的驱油效果和矿场试验反映的注采能力来看，大庆油田三元复合驱采用注采井数比为 1:1 的五点法、斜行列井网或注采井数比为 1:2 的四点法井网是相对合理的，具体井网的选择还要依据具体开发区块的条件确定。采用上述井网能获得较好的提高采收率效果，提供较高的采液量，生产总井数也相对较少。按照注采平衡的原则，合理注采井距要达到注、采能力两方面的需求，采液指数的大幅度下降势必影响到试验区的注入能力，进而影响试验效果。考虑到三元复合驱工业化推广后试验规模大、油层条件差的实际情况，若要保证一定的采出能力以及较好的降水增油效果，注采井距应控制在 150m 左右。

二、三元复合驱开采对象的确定

水驱及化学驱的开发实践证明，一套开发层系中油层的渗透率大小和渗透率级差以及油层厚度是影响油田开发效果的关键因素之一。已开展的主力油层三元复合驱矿场试验及聚驱试验结果表明，在不限定开采对象的情况下由于一套开采层系中层间矛盾及平面矛盾较为突出而导致差油层的动用程度较差。针对将来三元复合驱技术应用的主要对象为非均质性更为严重的二类油层，合理确定适合同一套开采层系的油层对象是更好的动用剩余潜力的关键之一。二类油层三元复合驱工业化推广的开采对象的渗透率界限、厚度界限的确定综合了室内实验结果、聚合物驱及三元复合驱试验资料并结合聚驱前后密闭取心井资料进行综合研究，确定三元复合驱开采对象为河道砂及有效厚度 ≥ 1.0m、渗透率 ≥ 100mD 的非河道砂，同时为完善三元驱对象的注采关系，对于河道边部的变差部位也可以考虑作为挖潜对象。

1. 渗透率下限的确定

矿场试验研究表明，中、高分子量聚合物适合非主力油层及主力油层；三元复合体系室内岩心注入能力实验研究结果表明中、高分子量聚合物的渗透率下限值为 0.1D。室内研究以及矿场试验证明三元复合体系既能扩大波及体积，同时还可以提高驱油效率。考虑二类油层的地质特点，在复合体系中聚合物分子量的选择上重点考虑了两个因素：一是要尽量选择高分子量的聚合物，降低化学剂成本，同时保证体系具有一定的黏度，更好地改善油水流度比；二是要考虑聚合物分子量与二类油层渗透率的匹配关系，尽可能提高油层控制程度，获得更好的驱油效果。依据聚合物分子量与油层渗透率的匹配关系曲线，将中、高分子量聚合物对应的油层渗透率下限定为 0.1D。

矿场试验数据研究表明油层渗透率 < 0.1D 油层连续动用比例较低，间歇动用的比例较高。图 2-17 为杏二中三元复合驱矿场试验区不同渗透率级别油层动用情况图。可以发现渗透率越高的油层其连续动用的比例也越高：油层渗透率 ≥ 0.3D 的层连续动用的比例可以达到 82.7%，不动用的比例仅为 2.8%，而油层渗透率 < 0.1D 的层连续动用的比例只有 24.2%，这部分层主要以间歇动用为主，间歇动用比例达 66.7%。

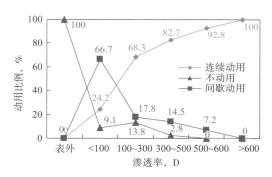

图 2-17 杏二中不同渗透率级别动用情况

将渗透率下限定为 0.1D，即可减小开采层系的渗透率级差，同时也可将较多的油层组合到开采层系中，较大程度地动用地质储量。数值模拟结果表明一套开采层系渗透率级差大小对三元复合驱采收率影响较大，渗透率级差越小则三元复合驱油效果越好，渗透率级差越大则三元复合驱油效果变差。如渗透率下限值定得过低则一套开采层系的渗透率级差增大，驱油效果变差；而渗透率下限值定得过高则会造成储量的损失。表 2-10 为典型区块渗透率分级数据表，北三西东块萨Ⅱ组、萨Ⅲ组、葡Ⅱ组有效渗透率 < 0.1D 的油层有效厚度比例分别为 7.2%、30.3%、11.8%；北一断东萨Ⅱ组、萨Ⅲ组、葡Ⅱ组有效渗透率 < 0.1D 的油层有效厚度比例分别为 7.52%、7.68% 和 12.22%。因此把三元复合驱开采对象的有效渗透率下限定为 0.1D，可以将 70%~90% 的有效厚度组合到开采层系中，尽可能多的动用油层地质储量。综合上述分析，将二类油层三元复合驱渗透率下限定为 0.1D。

表 2-10　典型区块各油层组渗透率发布情况

区块	砂岩组	渗透率 ≥ 0.3D		0.1D < 渗透率 ≤ 0.3D		渗透率 < 0.1D	
		砂岩，%	有效，%	砂岩，%	有效，%	砂岩，%	有效，%
北三西东块	萨Ⅱ	64.4	71.8	20.1	21.0	15.4	7.2
	萨Ⅲ	46.2	50.1	22.9	19.6	30.9	30.3
	葡Ⅱ	35.2	57.5	23.5	30.8	41.3	11.8
北一断东	萨Ⅱ	58.35	79.87	15.07	14.52	26.57	7.52
	萨Ⅲ	52.26	73.09	20.35	19.23	27.39	7.68
	葡Ⅱ	37.23	58.36	29.23	29.13	33.29	12.22

2. 二类油层三元复合驱开采对象及厚度界限的确定

依据三元复合驱现场试验与聚合物驱现场试验数据的分析研究，确定二类油层三元复合驱开采对象为河道砂和有效厚度≥1m、渗透率≥100mD 的非河道砂。

（1）薄差层与表内厚层组合为一套层系开采，由于层间干扰加大，有效厚度 1m 以下的薄差油层吸水比例低，动用差。

125m 井距二类油层三元复合驱试验：2005 年在北一断东萨Ⅱ 1-9 层开展的二类油层三元复合驱试验取得较好的试验效果。为了完善注采系统，该试验区把部分有效厚度 <1m 的非河道砂同时作为调整对象。吸水资料表明（表 2-11），河道砂在前置聚合物段塞阶段层数及有效厚度动用比例分别为 93.8%、99.0%，三元主段塞阶段层数及有效厚度动用比例分别为 81.3%、90.8%；而有效厚度 <1m 的非河道砂在前置聚合物段塞阶段层数及有效厚度动用比例分别为 40%、39.2%，三元主段塞阶段层数及有效厚度动用比例分别为 40%、58.1%，尽管注采关系完善但这部分油层动用程度远低于河道砂体的动用程度。

表 2-11　不同类型油层动用对比情况表

厚度分级	前置聚合物驱阶段			三元复合驱阶段		
	层数，%	砂岩，%	有效，%	层数，%	砂岩，%	有效，%
河道砂	93.8	98.3	99.0	81.3	91.7	90.8
≥ 1m 非河道砂	36.4	35.7	36.1	54.5	39.5	44.9
< 1m 非河道砂	40.0	26.2	39.2	40.0	46.2	58.1
合计	59.5	76.9	81.4	59.5	75.7	79.0

不同井距、不同注聚合物参数的聚合物驱试验表明，有效厚度 <1m 的油层及表外储层与二类油层组合在一起注聚不适应，有效厚度 <1m 的非河道砂动用比例最高的只有 33.2%（表 2-12），远低于河道砂及有效厚度≥1m 的非河道砂。

表 2-12 不同井距聚合物驱动用状况统计表

砂体类型	250m 注采井距（北一断西下返）		175m 注采井距（北一、二排 201 站）		175m 注采井距（北一、二排西）	
	砂岩比例，%	有效比例，%	砂岩比例，%	有效比例，%	砂岩比例，%	有效比例，%
河道砂	96.5	95.7	100	100	100	100
≥1m 非河道砂	68.4	66.7	86.0	83.9	75.6	80.1
<1m 非河道砂	27.2	31.7	35.7	32.6	35.6	33.2
表外层	13.1		8.8		11.6	
合计	61.1	82.2	71.4	85.9	74.5	80.6

（2）聚合物驱前、后的取心井资料显示非河道薄层砂聚合物驱前后动用情况基本没有变化。

根据密闭取心井北 1－6－检 27（聚合物驱前）、北 1-6-检 26（聚合物驱后）资料统计，聚合物驱后水洗程度高、采出程度高的油层是那些处于河道砂部位的厚层，如葡 I 1、葡 I 2、葡 I 3 单元。非河道薄层砂的葡 I 4 单元（有效厚度 0.5m）水洗程度在聚合物驱前后基本没有变化，而且采出程度只有 10% 左右，说明这部分油层在聚合物驱过程中基本没有动用（表 2-13）。

表 2-13 北一区断西聚合物驱前后两口密闭取心井水洗状况对比表

井号	钻取时间 a	小层号	有效厚度 m	水洗厚度					水洗比例 %	驱油效率 %	采出程度 %
				强洗 m	中洗 m	弱洗 m	合计 m				
北 1-6-检 27	91.4	葡 I 1	2.0	0.5	1.4		1.9	95.5	50.0	47.8
		葡 I 2	7.3		2.7	0.4	3.2	43.2	38.9	16.8
		葡 I 3	5.1	3.8	1.1		4.0	96.5	66.3	64.0
		葡 I 4	0.5		0.2		0.2	30.0	38.3	11.5
		合计	14.9	4.4	5.3	0.4	9.2	61.9	54.2	36.8
北 1-6-检 26	98.6	葡 I 1	2.1	1.4	0.6		2.1	97.6	63.4	61.9
		葡 I 2	7.9	6.6	1.3		7.9	100.0	61.4	61.4
		葡 I 3	6.2	5.8	0.3		6.0	97.3	67.5	65.7
		葡 I 4	0.4		0.1		0.1	27.5	39.8	10.9
		合计	16.6	13.8	2.3		16.1	96.6	63.7	61.7
差值									9.5	24.9

（3）单层有效厚度下限定为 1m，能保证绝大多数开采对象的渗透率值高于开采对象下限值 0.1D。

统计数据表明河流—三角洲沉积油层的有效厚度与其渗透率具有一定的相关性，油层的单层有效厚度越大，其渗透率一般也越高。北一断东、北三西东块有效厚度为 1m 的油层有效渗透率 ≥ 0.1D 的厚度比例均达到 80% 以上（表 2-14）。所以把 1m 作为二类油层三元复合驱的有效厚度下限，可以保证 80% 以上油层的渗透率高于二类油层三元复合驱渗透率下限值 0.1D。

表 2-14 典型区块不同渗透率分级条件下有效厚度分布占比表

有效厚度 m	北一断东（萨Ⅱ＋萨Ⅲ＋葡Ⅱ），%			北三西东块（萨Ⅱ＋萨Ⅲ＋葡Ⅱ），%		
	$K \geq 0.3D$	$K \geq 0.2D$	$K \geq 0.1D$	$K \geq 0.3D$	$K \geq 0.2D$	$K \geq 0.1D$
0.5	19.11	32.48	63.69	12.64	27.75	59.07
0.6	25.00	40.48	70.83	12.11	33.41	63.90
0.8	44.34	65.09	83.96	22.02	43.50	77.19
1.0	53.68	66.32	87.37	24.68	45.25	79.11
1.5	72.73	83.33	95.45	40.49	69.94	92.64
2.0	76.92	87.18	100	60.34	82.76	93.10

（4）把单层有效厚度下限定为 1m，能保证二类油层 75% 以上的储量被动用。

从典型区块储量构成来看，北一断东萨Ⅱ＋萨Ⅲ＋葡Ⅱ油层组河道砂＋有效厚度 ≥1.0m 非河道砂储量占表内储量的比例为 75.8%；北三西东块萨Ⅱ＋萨Ⅲ组油层河道砂＋有效厚度 ≥1.0m 非河道砂储量占表内储量的比例为 85.38%。也就是说把单层有效厚度下限定为 1m，可以保证二类油层中 80% 左右的储量被动用。

（5）将 1m 以下的薄差层留作水驱开采对象，既减小了水驱井网的封堵工作量，降低了对水驱井网产量的影响，又给三次加密井留有可调厚度，同时，也为薄差储层三次采油技术发展留有余地。

综合以上分析结果确定上（下）返油层三元复合驱的主要对象为河道砂和有效厚度 ≥1m、渗透率 ≥0.1D 的非河道砂。同时为完善注采关系，对于河道边部的变差部位也可以考虑作为挖潜对象。

三、层系优化组合原则的确定

大庆油田三元复合驱的潜力油层主要集中在二类油层。二类油层的沉积环境变化较大，从泛滥平原到分流平原、三角洲内前缘、外前缘，不同沉积环境的各类砂体组合到一起，造成了纵向上不同相别、不同厚度、不同渗透率的油层交错分布；平面上相带变化复杂，砂体规模不一，油层厚度发育不均，砂体连通状况变差。与以泛滥平原河流相沉积为主的主力油层相比，二类油层总体上呈现河道砂发育规模明显变小，小层数增多，单层厚度变薄、渗透率变低、平面及纵向非均质变严重的特点（表 2-15）。特别是内前缘沉积砂体，由于河道砂规模的变小以及表外层和尖灭区的发育，砂体连通性极差，平面非均质相当严重。

表 2-15 二类油层与一类油层特征对比表

油层组	沉积环境	主要砂体类型与形态	单一河道		韵律	有效渗透率 D	单元间渗透率级差	油层类型
			宽度，m	厚度，m				
萨Ⅱ	分流平原内前缘	条带状水上与水下分流河道砂、小片状河间砂、大片状内前缘席状砂	200~1000	2~5	正反	0.48~0.53	1.7~2.8	二类
萨Ⅲ	分流平原内前缘	条带状水上与水下分流河道砂、小片状河间砂、大片状内前缘席状砂	200~1000	2~5	正反	0.38~0.72	1.7~3.2	
葡Ⅱ	分流平原内前缘外前缘	条带状水上与水下分流河道砂、小片状河间砂、大片状内前缘席状砂、外前缘砂	150~800	2~4	正反	0.36~0.56	1.6~2.6	
葡Ⅰ	泛滥平原分流平原	大型辫状河道砂、复合曲流带、高弯水上分流河道砂	800~1500	3~10	均正	0.61~0.92	1.4~2.5	一类

层系优化组合就是将油层性质相近的开采对象组合到一起，采用同一套井网开采，以减少层间干扰，达到提高最终采收率的目的。对于三元复合驱，还要同时满足一套层系内的油层要适合注同一种分子量聚合物配制的三元体系。结合水驱及聚驱的开发经验，三元复合驱层系优化组合的总体原则是一套开采层系井段不宜过长、层数不宜过多、级差不宜过大、层系厚度合理。

1. 层系组合重点考虑的几项因素

1）层间渗透率级差

层间渗透率级差是影响油田开发效果的主要参数之一。不同渗透率的油层，在吸水能力、采出能力以及水线推进速度等方面差异较大。为搞清层间渗透率级差大小对三元复合驱试验效果的影响，应用美国 GRAND 公司开发的 FACS 三维化学驱数值模拟软件进行室内数值模拟研究。

模型基本情况：采用 4 注 9 采五点法面积注水井网，注采井距 150m。首先设计 6 个基础地质模型，每个模型设计为正韵律层，变异系数 0.65，并划分为 3 个纵向连通的厚度各为 2m 的小层，每个基础地质模型的小层渗透率见表 2-16。然后由上述基础地质模型组合为 6 个上、下层之间均具有稳定隔层、且低渗透率油层厚度占总厚度 50% 的双层地质模型（表 2-17），层间渗透率级差分别为 5 倍、4 倍、3 倍、2.5 倍、2 倍、1 倍。为了研究层系组合中低渗透率油层厚度比例不同条件下，层间渗透率级差对三元复合驱油效果的影响，同样建立了一系列地质模型，低渗透率油层厚度比例分别为 16.7%、25.0%、33.3%、41.67%，并进行了数值模拟计算[12]。

表 2-16 基础地质模型渗透率数据

模型	K_1，mD	K_2，mD	K_3，mD	
1	33.295	95.220	351.000	
2	41.615	119.135	439.245	
3	55.56	159.045	586.390	正律变异系数 0.65
4	66.585	190.620	702.790	
5	83.235	238.275	878.490	
6	166.465	480.555	1756.975	

表 2-17 双层地质模型渗透率数据

模型号	7	8	9	10	11	12
上层平均渗透率，mD	160	200	267	320	400	800
下层平均渗透率，mD	800	800	800	800	800	800
层间渗透率级差	5.0	4.0	3.0	2.5	2.0	1.0

三元复合驱配方及注入段塞设计：采用小井距南井组弱碱试验区配方，注入速度为 0.15PV/a。注入程序如下：在大庆油田实际条件下（油、水、气流体性质、相对渗透率曲

线等），水驱至中心井含水达到 97.2%，然后注入前置聚合物段塞、ASP 段塞和聚合物保护段塞，再后续水驱，直到中心井含水达到 98% 时为止。

通过数值模拟研究，取得以下认识：一是一套开采层系渗透率级差大小对三元复合驱采收率影响较大。开采层系渗透率级差在 2 倍以下对三元复合驱驱油效果影响小，级差在 2 倍以上对驱油效果影响加大。图 2-18 为渗透率级差与采收率关系曲线。可以看出采收率提高值在渗透率级差 2 倍左右出现拐点。渗透率级差 2 倍以下对采收率影响较小，但大于 2 倍时对采收率影响加大。

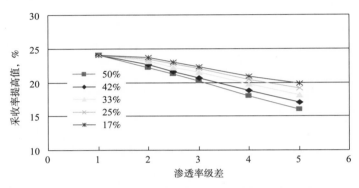

图 2-18　渗透率级差与采收率关系

表 2-18 和表 2-19 分别为低渗透层厚度占总厚度 50.0%、16.7% 时层系渗透率级差对三元复合驱驱油效果的影响情况表。低渗透层厚占总厚 50.0% 时，渗透率级差在 2 倍时含水最低值为 58.6%，采收率提高值为 22.2%；当渗透率级差增大到 5 倍时含水最低值为 71%，采收率提高值仅为 16%，即渗透率级差由 2 倍增大到 5 倍时含水下降值降低了 12.4 个百分点，采收率下降了 6.2 个百分点。当低渗透层厚占总厚 16.7% 时，渗透率级差在 2 倍时含水最低值为 57%，采收率提高值为 23.7%；当渗透率级差增大到 5 倍时含水最低值为 59.5%，采收率提高值为 19.8%，即渗透率级差由 2 增大到 5.0 时含水下降值降低了 2.5 个百分点，采收率下降了 3.9 个百分点。可以发现开采层系渗透率级差越小则三元复合驱含水下降幅度越大、驱油效果越好；级差越大则含水下降幅度越小、驱油效果变差[13]。

表 2-18　层间渗透率级差对三元复合驱油效果的影响（低渗透层厚占总厚 50%）

层间渗透率级差	含水最低值，%	差值，%	采收率提高值，%	采收率下降值，%
1.0	53.1	0	24.0	0
2.0	58.6	5.5	22.2	1.8
2.5	61.1	8.0	21.2	2.8
3.0	64.0	10.9	20.2	3.8
4.0	68.7	15.6	18.0	6
5.0	71.0	17.9	16.0	8

表 2-19　层间渗透率级差对三元复合驱驱油效果的影响（低渗透层厚占总厚 16.7%）

层间渗透率级差	含水最低值，%	差值，%	采收率提高值，%	采收率下降值，%
1.0	54.8	0	24	0
2.0	57.0	2.2	23.7	0.3
2.5	57.9	3.1	23	1.0
3.0	58.6	3.8	22.3	1.7
4.0	59.3	4.5	20.9	3.1
5.0	59.5	4.7	19.8	4.2

　　二是相同渗透率级差条件下，一套开采层系内低渗透层厚度比例增加则三元复合驱的采收率降低。表 2-20 为层间渗透率级差分别为 2.0 倍、5.0 倍的计算结果。

表 2-20　渗透率级差对三元复合驱驱油效果影响　　　　单位：%

低渗透率油层所占厚度比例	级差 =2.0		级差 =5.0	
	采收率提高值	采收率下降值	采收率提高值	采收率下降值
16.7	23.7	0	19.8	0
25.0	23.5	0.2	19.1	0.7
33.3	23.1	0.6	18.1	1.7
41.7	22.6	1.1	17.0	2.8
50.0	22.2	1.5	16.0	3.8

　　可以发现相同渗透率级差条件下随着层系组合中低渗透率油层厚度比例增加，则三元复合驱采收率提高值降低。低渗透率油层厚度比例由 16.7% 增加到 50%，层间渗透率级差为 2 倍时，采收率提高值下降了 1.5 个百分点，当层间渗透率级差为 5.0 倍时，采收率提高值下降了 3.8 个百分点。即随着层间渗透率级差的加大，低渗透率油层厚度比例增加对三元复合驱采收率提高值影响更加明显。综上所述：为保证三元复合驱的驱油效果在进行三元复合驱层系组合时，应尽量把开采层系的渗透率级差控制在 2 倍左右，当渗透率级差大于 2 倍时应考虑分注，同时也要避免把过多的低渗透层组合到层系中一起开采。

　　2）一套开采层系的厚度

　　采收率提高幅度和经济效益是衡量层系厚度界限的两个主要指标。精细地质研究表明，三元复合驱上（下）返油层纵向上分布井段长、小层数多、单层厚度薄、平面及纵向非均质性严重。从最终开采效果这一角度出发，一套层系组合中的层数越少、厚度越小、层间干扰影响程度越低，开采效果越好；但随着层系厚度的减小，单井产量降低，投资回收期延长，内部收益率下降，而且不利于原地面注聚设备的利用。因此对层系组合厚度的确定，既要考虑采收率提高幅度，同时又要保证一定的产量规模、兼顾经济效益。产量规模主要是考虑单井的注入量和采出量，一套层系组合的厚度应该达到一定的产量要求，同时注入井的注入强度过低或过高均不利于油水井的正常生产。已开展的聚驱及三元复合驱矿场试验表明，随着高黏度化学体系的注入，注入压力都会有不同程度的上升，压力上升幅度与注入量（即注入速度）、注采井距、体系黏度成正比关系，与油层厚度、油层渗透率成反比关系 [式（2-9）]。

$$\Delta p' = 0.002 \frac{Q_{\mathrm{I}}}{h} \frac{\mu_{asp}}{K} \ln\left(\frac{r}{r_{\mathrm{w}}}\right) \qquad (2\text{-}9)$$

从统计数据来看（表 2-21），注采井距、试验层位、试验规模不同，试验区的注入能力数据变化较大。总的规律是规模较大的矿场试验区的注入压力上升幅度要高于小型试验区。

表 2-21　各试验区注入能力变化情况表

区　块	井距，m	有效渗透率 D	化学驱注入速度 PV/a	化学驱最高压力上升值 MPa	压力上升幅度 %
小井距北	75	0.567	0.750	2.77	36.45
小井距南	75	0.465	0.710	3.0	44.11
杏二西	200	0.675	0.300	2.90	35.80
北一断西	250	0.512	0.206	3.29	35.84
北三西（工业）	250	0.605	0.100	4.3	50.59
杏二中（工业性）	250	0.404	0.100	6.8	109.7

可以发现规模较小的试验区压力上升幅度均在 45% 以下：75m 小井距南、北井组三元复合驱矿场试验区由于注采井数少、注采井距小、井网不封闭，尽管化学驱阶段注入速度较高达 0.71~0.75PV/a，但化学驱注入压力上升值为 3.0~2.77MPa，上升幅度在 44.1%~36.45% 之间；而已经完成和正在进行的四个工业性矿场试验区除北三西以外压力上升幅度均在 95% 以上。杏二中由于井距大、试验规模较大，注入速度虽仅保持在 0.1 PV/a 左右，但化学驱注入压力上升值达到 6.8MPa，压力上升幅度为 109.7%。正在进行的两个大型工业型矿场试验（北一断东和南五区）目前化学驱压力上升值分别为 5.22MPa、6.48MPa，压力上升幅度已经达到了 95.95%、100.3%。

综合不同试验区注入压力变化情况的分析结果，并结合二类油层发育差、非均质性严重的油层性质，认为二类油层三元复合驱的注入压力上升值应在 5~7MPa 左右。图 2-19 和图 2-20 分别为注入压力上升值为 5MPa、7MPa 时不同注采井距下油层渗透率与注入强度关系曲线。

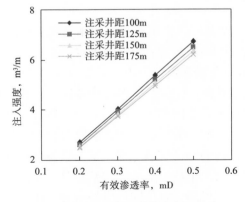

图 2-19　注入压力上升值为 5MPa 时
油层渗透率与注入强度关系曲线图

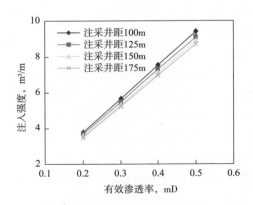

图 2-20　注入压力上升值为 7MPa 时
油层渗透率与注入强度关系曲线图

考虑二类油层开采对象有效渗透率分布主要区域为 $0.4\mu m^2$ 左右，五点法面积井网 100~150m 井距条件下要满足单井日注量 $40m^3/d$，则开采层系的有效厚度应控制在 6~10m 左右较为合适（表 2-22）。

表 2-22 不同井距条件下开采层系厚度表（有效渗透率为 0.4D）

压力上升值，MPa	注采井距，m	注入强度，$m^3/(d \cdot m)$	满足单井日注量 $40m^3$ 的最小油层厚度，m
5	100	5.36	9.33
	125	5.19	9.63
	150	5.06	9.87
7	100	7.51	6.66
	125	7.27	6.88
	150	7.09	7.05

通过经济效益评价，层系厚度为 6m 时采用 125m 注采井距五点法面积注水井网开采，总投资收益率可以达到 6.8%；采用 150m 注采井距五点法面积注水井网开采，总投资收益率可以达到 14.45%（表 2-23）。

表 2-23 主要经济指标

项目	125m 井距厚度 6m		125m 井距厚度 10m		150m 井距厚度 6m		150m 井距厚度 10m	
	所得税前	所得税后	所得税前	所得税后	所得税前	所得税后	所得税前	所得税后
内部收益率，%	14.84	11.31	37.81	29.05	31.06	23.93	60.35	47.44
财务净现值，万元	3738	987	23743	15732	18311	11687	51006	36118
投资回收期，年	3.06	3.44	2.07	2.35	2.32	2.61	1.70	1.92
总投资收益率，%	6.80		14.97		14.45		27.41	

3）相邻开采层系间隔层厚度及层系组合基本单元的确定

三元复合驱上（下）返层的油层条件较主力油层差，由于其渗流能力差、导压能力低，因此若使这部分储量得到较大程度的动用则离不开增产、增注等措施，因此应考虑开采层系间隔层的厚度以及隔层稳定性。合适的隔层厚度即可满足目前的井下作业工艺技术，又使隔层的储量损失降到最低程度。而砂岩组间良好的夹层有利于层系的划分和减少储量的损失，并且为将来分注、压裂等措施提供隔层条件，因此层系组合时尽量以砂岩组为单元。通过对以往研究成果以及现有井下作业工艺技术的要求，可以将两套层系间的隔层定为 1.5m 左右[14]。

2. 层系组合原则

综合以上研究成果，确定二类油层三元复合驱开发层系的组合原则如下：

（1）严格按照开采对象的界限将性质相近油层组合成一套开采层系，层间渗透率级差尽量控制在 2 倍左右，且层系内的开采单元要相对集中，小层数不宜过多，开采井段不宜过长。

（2）一套开采层系的厚度要综合地面注聚系统规模和产量接替情况，以及整个上（下）返层段的总厚度灵活确定。层系间厚度要求尽量均匀，满足目前注采状况一段开发层系可调有效厚度应在 6~10m 之间，同时尽量控制低厚度井的比例。

（3）以砂岩组为单元进行层系组合，保证每套开采层段间具有较稳定隔层。

（4）当具备二套以上（下）返开采层系时应采用由下至上逐层上返方式，以减少后期措施工作量，降低措施工艺难度。

四、三元复合驱注入方式及注入参数优化

三元复合驱现场应用结果表明，注入方式及注入参数对三元复合驱开发效果至关重要。大庆油田通过室内研究和现场应用，逐渐形成了"前置聚合物段塞 + 三元主段塞 + 三元副段塞 + 后续聚合物保护段塞"的四段塞注入方式，指导编制现场试验注入方案，取得了较好效果。在此基础上进一步优化，建立了段塞大小的个性化设计方法，并根据现场动态特征进行调整，为实现注入方案个性化设计、保证复合驱提高采收率效果奠定了基础。

1. 四段塞注入方式优化

采用"前置聚合物段塞 + 三元主段塞 + 三元副段塞 + 后续聚合物保护段塞"的段塞组合方式，细致优化各段塞的化学剂浓度及注入体积，能在降低化学剂成本的同时提高三元复合驱开发效果（图 2-21）。

1）前置聚合物段塞

前置聚合物段塞，一是起到调剖作用，降低油层非均质性的影响，扩大波及体积；二是减少三元主段塞中的化学剂损耗，提高三元体系前缘的驱油效果。

数值模拟研究表明，随着前置聚合物段塞注入体积增大，提高采收率值也相应增加，当前置段塞增加到 0.04PV 以后，采收率的增幅减缓；大于 0.06PV 以后，提高采收率效果不明显（图 2-22）。因此，确定前置聚合物段塞大小的合理范围为 0.04~0.06PV。

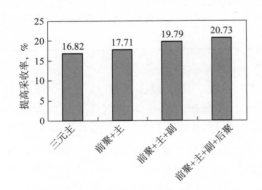

图 2-21　不同注入方式提高采收率效果

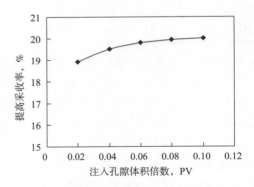

图 2-22　前置聚合物段塞大小对驱油效果影响

2）三元主段塞

三元主段塞是有效控制流度、降低油水界面张力，形成乳化的主体，对驱油效率提高幅度作用和影响最大。

大量室内研究结果表明，相同渗透率条件下，存在合理匹配黏度，最佳时可获得最高的三元复合驱提高采收率值，并不是黏度越高越好。注入压力随着体系黏度的增大而升高，当黏度较低时，注入压力低，注入段塞阶段和后续水驱阶段提高采收率都较低；当黏度与渗透率相匹配时，注入压力升幅合理，注入段塞阶段和后续水驱阶段采收率均较

高；继续提高黏度，黏度与渗透率不再匹配，尽管注入压力不断提高，但段塞在模型内部滞留堵塞，不能形成有效驱替，影响整体驱油效果（图2-23）。

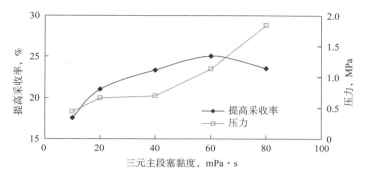

图2-23　三元主段塞黏度对三元复合驱驱油效果影响

数值模拟优化结果表明，随着碱浓度增加，化学驱提高采收率幅度增大，碱浓度质量分数为1.2%时，化学驱提高采收率达到最大值，碱浓度继续增大，化学驱提高采收率值呈下降趋势，考虑技术经济效果，三元主段塞中的碱浓度质量分数选用1.2%（图2-24）。固定碱浓度，改变表面活性剂浓度，对比驱油效果。表面活性剂浓度质量分数在达到0.3%之前，采收率的升幅大，达到0.3%以后，提高采收率趋势平缓，因此，确定三元主段塞中的表面活性剂浓度质量分数为0.3%（图2-25）。

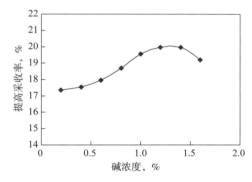

图2-24　三元主段塞中碱浓度对驱油效果　　　图2-25　三元主段塞中表面活性剂浓度对驱油效果
　　　　　影响数模结果　　　　　　　　　　　　　　　　影响数模结果

三元主段塞的大小对驱油效果影响的数值模拟计算结果表明，增大三元主段塞，提高采收率的幅度增大，在0.3PV以前，提高采收率增幅较大，大于0.3PV以后，升幅逐渐减缓（图2-26和图2-27）。增大三元主段塞的注入量将使化学剂的成本增加，因此依据物理模拟和数值模拟结果，结合技术经济效果，确定三元主段塞大小的合理范围为0.3~0.35PV。

　　3）三元副段塞

从室内物模实验来看，注入三元主段塞以后，化学剂在油层中的吸附已基本处于饱和状态，降低三元副段塞中的碱和表面活性剂浓度，在保证体系性能的同时，节约了化学剂用量。

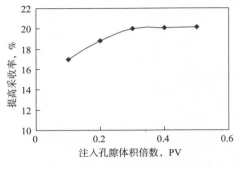

图 2-26　三元主段塞大小对驱油效果
影响物模实验结果

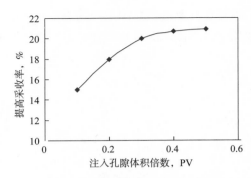

图 2-27　三元主段塞大小对驱油效果
影响数模计算结果

　　三元副段塞中随着碱浓度增加，提高采收率幅度增大；碱浓度在质量分数为 1.0% 时提高采收率最大；碱浓度继续增大，提高采收率值下降（图 2-28）。随着表面活性剂浓度增加，提高采收率幅度增大；表面活性剂浓度质量分数大于 0.1% 以后，采收率增幅不明显。因此，确定三元副段塞的表面活性剂浓度质量分数为 0.1%（图 2-29）。

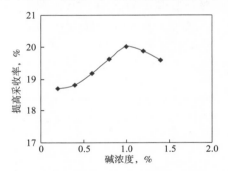

图 2-28　三元副段塞中碱浓度对驱油效果
影响物模结果

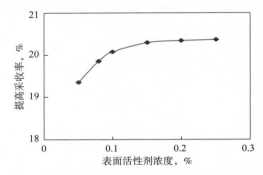

图 2-29　三元副段塞中表面活性剂浓度对驱油
效果影响物模结果

　　数值模拟优化结果表明，随着三元副段塞注入体积增大，提高采收率效果明显。三元副段塞注入量大于 0.15PV 之后，提高采收率效果幅度逐渐减小（图 2-30 和图 2-31）。因此，设计三元副段塞的大小范围为 0.15~0.2PV。

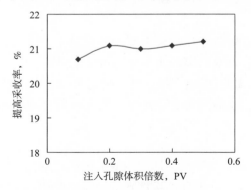

图 2-30　三元副段塞大小对驱油效果
影响物模结果

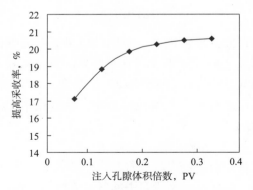

图 2-31　三元副段塞大小对驱油效果
影响数模结果

4）后续聚合物段塞

后续聚合物段塞可以有效防止后续注入水引起突破，起到保护的作用。随着后续聚合物段塞注入孔隙体积倍数增大，提高采收率幅度增大，在0.2PV前，采收率提高值升幅较大，继续增加，采收率升幅变小（图2-32）。因此确定后置聚合物段塞大小为0.2PV（表2-24）。

大庆油田采用"前置聚合物段塞＋三元主段塞＋三元副段塞＋后续聚合物保护段塞"四段塞注入方式，设计现场实际注入方案，从先导性试验到工业性试验，提高采收率都达到20个百分点以上[15]。

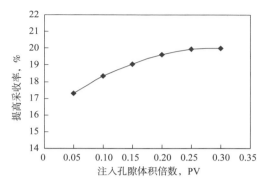

图2-32 后续聚合物段塞大小对驱油效果影响数模结果

表2-24 三元复合驱试验区主段塞配方及驱油效果

项目	区块名称	驱替类型	所处阶段	井距，m	最终提高采收率，百分点
先导性试验	杏五区	强碱	结束	141	25.0
	北一区断西	强碱	结束	250	22.1
	杏二西	强碱	结束	200	19.4
	小井距北井组	强碱	结束	75	23.2
	中区西部	弱碱	结束	106	21.1
	小井距南井组	弱碱	结束	75	24.7
工业性试验	北一区断东	强碱	后续水	125	29.0
	南五区	强碱	后续聚	175	20.0
	喇北东	强碱	后续聚	120	20.0
	北二西	弱碱	后续水	125	28.0
	杏二中	强碱	结束	250	16.0

2. 段塞大小个性化设计

随着三元复合驱应用规模的不断扩大，不同区块的油层的性质差异大，三元段塞大小需进行精细优化，使三元复合驱达到最佳技术经济效果。采用数模结合经济计算等方法，开展了三元复合驱各段塞大小个性化设计研究。

1）层间非均质条件下三元段塞大小优化

数值模拟条件为：井距125m，4注9采，三层非均质油层，平均渗透率450mD。根据数模计算结果，从提高采收率效果来看，仍是三元段塞注入量越大越好；但如果以经济效益为限制，则存在不同的最佳注入量。以级差2时的情况为例，在注入三元主段塞0.4PV时转为三元副段塞，提高采收率变化幅度较小，但单位化学剂所产的油量开始降低，即投入高、产量低，经济上不合理，所以应该及时在0.4PV时转注三元副段塞，减少化学剂用量，提高经济效益（图2-33和图2-34）。

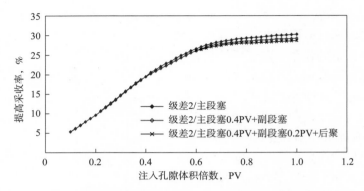

图 2-33　ⅡA 类油层层间级差 2 时三元段塞大小数模优化结果

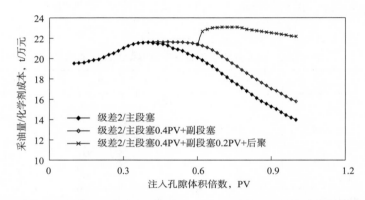

图 2-34　ⅡA 类油层层间级差 2 时三元段塞大小经济计算结果

　　与ⅡA 类油层相比，ⅡB 类油层渗透率低，平面控制程度相对变差，导致相同注入孔隙体积倍数条件下，提高采收率效果低于ⅡA 类油层，经济效益变差，因此应适当减小段塞注入量。

　　2）层内非均质条件下段塞大小

　　采用数模计算结合经济效益分析方法，进一步细致优化ⅡA 类油层典型层内非均质条件下三元主段塞和三元副段塞的大小范围。

　　ⅡA 类层内级差为 2 的条件下，在所设计的油层特征条件下，三元主段塞的合理大小为 0.34PV，三元副段塞为 0.18PV，可使经济效果达到最佳（图 2-35 和图 2-36）。

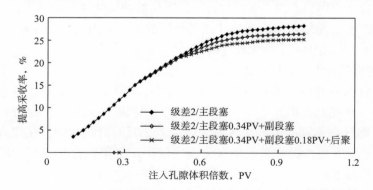

图 2-35　ⅡA 类油层层内级差 2 时三元段塞大小数模计算结果

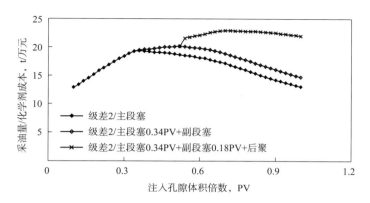

图 2-36　ⅡA 类油层层内级差 2 时三元段塞大小经济计算优化结果

3）三元主段塞转注三元副段塞时机的设计方法

现场试验结果表明，三元复合驱试验区含水变化受多种因素影响，包括储层非均质性、控制程度、初始含水和注入体系性能等。为了更充分地实现注入方案的个性化设计，针对试验区的含水动态变化特征和累计产投比，建立了三元段塞转注时机设计方法。

转注原则：三元主段塞应注到含水最低点以后，且含水回升速度越慢，转注副段塞时机越晚，当产投比（只考虑化学剂成本）达到最高时，适时转注副段塞。

根据现场实际情况，建立两种公式。

（1）月产液量恒定，注采平衡。

以月为单位，每月的产量为月产油价值，每月投入为三元段塞月注入的化学剂成本。月产投比为：

$$C_Y = \frac{(1-f_{wi})QT}{Q(L_PK_P + L_AK_A + L_SK_S)} = \frac{(1-f_{wi})T}{(L_PK_P + L_AK_A + L_SK_S)} \tag{2-10}$$

累计产投比为：

$$C_L = \frac{\sum\limits_{i=1}^{n}(1-f_{wi})QT}{nQ(L_PK_P + L_AK_A + L_SK_S)} = \frac{\sum\limits_{i=1}^{n}(1-f_{wi})T}{nQ(L_PK_P + L_AK_A + L_SK_S)} \tag{2-11}$$

式中　L_P——聚合物浓度，mg/L；

　　　L_A——碱浓度，mg/L；

　　　L_S——表面活性剂浓度，mg/L；

　　　K_P——聚合物价格，元/t；

　　　K_A——碱价格，元/t；

　　　K_S——表面活性剂价格，元/t；

　　　T——原油价格，元/t；

　　　Q——月产液量，t；

　　　f_{wi}——月综合含水，%；

　　　n——注入时间，mon。

设在 $n=m$ 时，f_{wm} 达到最低值：

$$C_{L_m} = \frac{\sum\limits_{i=1}^{m}(1-f_{wi})T}{m(L_pK_p + L_AK_A + L_SK_S)} \tag{2-12}$$

在 $n=m+1$ 时，含水开始回升，得到：

$$\frac{\sum\limits_{i=1}^{m}(1-f_{wi})(m+1)}{m\sum\limits_{i=1}^{m+1}(1-f_{wi})} = \frac{\sum\limits_{i=1}^{m}(1-f_{wi})(m+1)}{m[\sum\limits_{i=1}^{m}(1-f_{wi})+1-f_{w(m+1)}]} \tag{2-13}$$

若含水回升速度小于含水下降速度，则：

$$\sum\limits_{i=1}^{m}(1-f_{wi}) \geqslant m[1-f_{w(m+1)}]$$

$$\frac{1-f_{w(m+1)}}{\sum\limits_{i=1}^{m}(1-f_{wi})} > \frac{1-f_{w(m+1)}}{m[1-f_{w(m+1)}]} = \frac{1}{m} \tag{2-14}$$

设在 $n=K$（$K>m$）时，若 $C_{LK}/C_{L(K+1)} \geqslant 1$，则称 $n=K$ 的点为产投比平衡点，在此点转注副段塞，在经济上能够达到最佳。

若含水回升速度不小于含水下降速度，则：

$$\sum\limits_{i=1}^{m}(1-f_{wi}) \geqslant m[1-f_w(m+1)]$$

$$\frac{1-f_{w(m+1)}}{\sum\limits_{i=1}^{m}(1-f_{wi})} \leqslant \frac{1-f_{w(m+1)}}{m[1-f_{w(m+1)}]} = \frac{1}{m} \tag{2-15}$$

（2）月产液量下降，注采平衡。

月产投比为：

$$C_Y = \frac{(1-f_{un})Q_iT}{QQ_i(L_pK_p+L_AK_A+L_SK_S)} = \frac{(1-f_{wi})T}{(L_pK_p+L_AK_A+L_SK_S)} \tag{2-16}$$

累计产投比为：

$$C_L = \frac{\sum\limits_{i=1}^{n}(1-f_{wi})QT}{\sum\limits_{i=1}^{n}Q_i(L_pK_p+L_AK_A+L_SK_S)} \tag{2-17}$$

同样可证，设在 $n=K$（$K>m$）时，若 $C_{LK}/C_{L(K+1)} \geqslant 1$，则称 $n=K$ 的点为产投比平衡点，在此点转注副段塞，在经济上能够达到最佳。

根据不同含水曲线特征，个性化设计三元主段塞转注副段塞时机。针对北一断东区实际含水和累计产投比计算合理转注时机。从计算结果可以看出，按照建立的三元主段塞转注副段塞时机设计方法，北一断东区块应注入主段塞0.336PV，可相对节约化学剂费用2172.42万元（图2-37）。

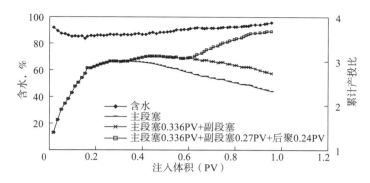

图 2-37 北一断东含水及累计产投比模拟计算曲线

通过以上研究，初步形成三元复合驱注入方案的个性化设计方法，可为保证三元复合驱技术经济效果提供有力支持[16]。

选择的不同分子量聚合物，采用污水配制污水稀释的驱油体系配注方式，综合注剂流动特征、孔隙微观结构变化的定性分析阻力系数、残余阻力系数、注入能力因子的定量关系，建立了三元体系中聚合物分子量、浓度与油层匹配性关系图版（图 2-38）。

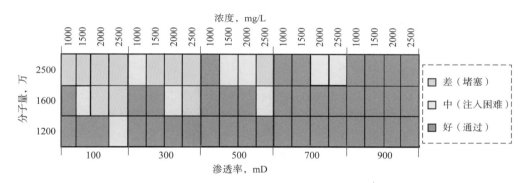

图 2-38 三元体系中聚合物注入参数与渗透率匹配图版

3. 注入参数个性化设计技术

1）整体优化驱油方案注入参数

（1）建立三元驱分子量、浓度与油层匹配性关系图版。

选择的不同分子量聚合物，采用污水配制污水稀释的驱油体系配注方式，综合注剂流动特征、孔隙微观结构变化的定性分析阻力系数、残余阻力系数、注入能力因子的定量关系，建立了三元体系中聚合物分子量、浓度与油层匹配性关系图版（图 2-38）。

（2）以图版为指导，结合数模，优选驱油配方。

依据聚合物分子量、浓度与不同渗透率油层匹配关系图版，以数模为指导，结合区块油层发育状况，整体优化区块分子量、注剂浓度设计以及段塞组合方式。由于区块发育厚度较大，油层发育条件相对较好，北二东西块二类油层整体采用高分高浓注入，主段塞注入浓度为 2000mg/L，较北三东示范区高 400mg/L。前置段塞设计 0.06PV，较北三东示范区高 0.02PV，其余段塞与示范区相同，其中主段塞 0.35PV、副段塞 0.15PV、后续保护段塞 0.20PV。注剂后注入速度稳定，注入压力稳定上升，注入状况保持良好，且无间注井（图 2-39 和表 2-25）。

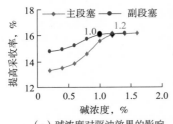
（a）碱浓度对驱油效果的影响

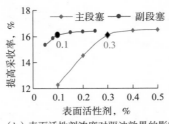
（b）表面活性剂浓度对驱油效果的影响

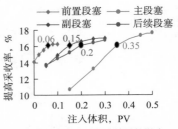
（c）段塞大小对驱油效果的影响

图 2-39　北二东西块二类油层段塞设计情况

表 2-25　工业化区块弱碱三元复合驱驱油方案优化表

序号	段塞名称	配方		段塞大小，PV		提高采收率，%	
		北三东示范区（中分）	北二东西块（高分）	示范区	北二东西块	示范区	北二东西块
1	前置段塞	1200mg/L（P）	1600mg/L（P）	0.04	0.06	19.24（目标20）	16.14
2	三原主段塞	1.2%（A）+0.3%（S）+1600mg/L（P）	1.2%（A）+0.3%（S）+2000mg/L（P）	0.35	0.35		
3	三元副段塞	1.0%（A）+0.2/0.1%（S）+1600mg/L（P）	1.0%（A）+0.2/0.1%（S）+1800mg/L（P）	0.20	0.15		
4	后续保护段塞	1200mg/L（P）	1500mg/L（P）	0.20	0.20		

2）分类优化单井注入参数

针对三元不同阶段存在的主要问题，确定各阶段的调控目标，有针对性地制定不同阶段的各项调整对策，对策实施后，区块目前采油井全部见效，增油倍数达到 1.89 倍，效果显著。

（1）量化井组分类标准，个性化设计注入参数。

由于二类油层非均质性强，井间、层间、层内差异大，均一化设计注入参数，无法满足所有井需要，故从单井小层入手，优选关键指标，建立井组量化分类标准，将区块 114 个注入井组细分成四类，依据分类结果优化设计单井注入参数。分类结果：A 类井为多河道发育，接替层多连通好，采取高浓度、高强度注入；B 类井以河道发育为主，河道连通变差，C 类井为单一河道发育，接替层少连通差，对以上两类井采取高含油饱和度方向加强注入，低含油饱和度方向优化注入；D 类井为油层发育差，采取低浓度、低强度注入。

（2）根据分类井动态变化，实施分类调整。

在方案优化的基础上，根据分类井特点，实施分类调整。针对油层发育较好的 A 类、B 类井加大调剖力度，其中 A 类、B 类井调剖井数比例达到 35% 以上，封堵高渗透条带，促进段塞均匀推进；针对油层发育相对较差的 C 类、D 类井加大增注措施力度，确保平稳注入；A 类、B 类、C 类井整体规模分注，分注井数比例均达到 95% 以上，确保均衡受效。另外，受高低压二元注入工艺限制，碱浓度与聚合物浓度成反比，为确保碱方案符合率，共实施注剂浓度协同调整 18 口井，以确保超低界面张力的保持范围。其中针对碱浓度较低的井，结合调剖措施降聚 12 口；针对碱浓度较低的井，结合增注措施提聚 6 口。

调整后，区块碱方案符合率达到 95% 以上，注入参数匹配程度达到 96.5%。分类井注入压力均衡上升，注入压力均保持在 11MPa 左右，比吸入指数下降 45% 左右。周围采油井增油降水效果比较明显，分类井含水最大降幅均达到 10 个百分点以上，平均单井增油达到 5t 以上。其中 A 类、B 类、C 类井最大含水降幅达到 12 个百分点以上。从整体上看，A 类、B 类井见效好于 C 类、D 类井。

第三节　三元复合驱数值模拟技术

近年来，三元复合驱油技术得到了快速发展，取得了很多新的理论认识，首先是对驱油机理认识不断加深，提出了聚合物弹性提高微观驱油效率的理论；在低酸值原油油藏实施低浓度表面活性剂—碱—聚合物三元复合驱，依靠化学剂协同效应驱油机理可以大幅度提高采收率。与此同时，一些改善三元复合驱效果的做法已广泛应用于生产实践，如按照渗透率不同选用不同分子量聚合物驱油的注入方案个性化设计可以进一步提高三元复合驱的采收率。根据近年来对三元复合驱最新的理论研究认识成果，建立了模拟功能完善的三元复合驱数学模型，满足三元复合驱实验和生产的实际需要。

一、相和组分设计

建立的三维三相多组分三元复合驱数学模型，三个相包括水相、油相和气相，多组分包括：水、油、气、聚合物、表面活性剂、碱、阴离子和阳离子。油组分以油相的形式存在，气组分以气相的形式存在，水、聚合物、表面活性剂、碱、阴离子和阳离子组分都存在于水相中。

模型基本假设为：油藏等温弥散过程满足 Fick 定律；理想混合；流体渗流满足达西定律；聚合物、表面活性剂、碱以及各种离子存在于水相中。

二、油气水三相连续性方程

油气水三相连续性方程为

$$- \text{div} \left(\frac{1}{B_o} \boldsymbol{v}_o \right) = \frac{\partial}{\partial t} \left(\frac{1}{B_o} \phi S_o \right) + q_o \tag{2-18}$$

$$- \text{div} \left(\frac{1}{B_w} \boldsymbol{v}_w \right) = \frac{\partial}{\partial t} \left(\frac{1}{B_w} \phi S_w \right) + q_w \tag{2-19}$$

$$- \text{div} \left(\frac{R_s}{B_o} \boldsymbol{v}_o + \frac{1}{B_g} \boldsymbol{v}_g \right) = \frac{\partial}{\partial t} \left[\phi \left(\frac{R_s}{B_o} S_o + \frac{S_g}{B_g} \right) \right] + q_{fg} + q_o R_s \tag{2-20}$$

式中 l 相流速 $\boldsymbol{v}_l$ 利用达而定律 [9-10]，表示为：

$$\boldsymbol{v}_l = \frac{K K_{rl}}{\mu_l} (\text{grad } p_l - \rho_l g \cdot \text{grad } Z) \ (l = \text{w,o,g}) \tag{2-21}$$

$$p_o - p_w = p_{cow} \tag{2-22}$$
$$p_g - p_o = p_{cog} \tag{2-23}$$

式中　B_l——l 相的体积系数，m^3/m^3；

　　　ϕ——油藏孔隙度，%；

　　　p_l——l 相压力，kPa；

S_l——l 相的饱和度；

K——绝对渗透率，D；

K_{rl}——l 相的相对渗透率；

μ_l——l 相的黏度，Pa·s；

ρ_l——l 相的密度，kg/m³；

R_s——溶解气油比，m³/m³；

q_l——l 相的源汇项，m³/d；

p_{cow}，p_{cog}——分别是油水相间毛细管力和油气相间毛细管力，kPa；

Z——距离，m；

下标w，o，g——分别表示水相、油相和气相。

三、化学组分物质守恒方程

化学组分包括聚合物、表面活性剂、碱、阴离子和阳离子，全部存在于水相中，化学物质组分 i 的物质守恒方程为：

$$\frac{\partial}{\partial t}(\phi \rho_i \tilde{w}_i) + \mathrm{div}\ [\rho_i(w_{iw}\,v_w - \tilde{\boldsymbol{D}}_{iw})\,] = R_i \qquad (2-24)$$

式中　$\tilde{w}_i$——化学物质组分 i 的总质量分数，%；

w_{iw}——水相中第 i 种化学物质组分的质量分数，%；

ρ_i——化学物质组分 i 的密度，kg/m³；

R_i——化学物质组分 i 的源汇项，kg。

化学物质组分 i 的总质量分数表达式为：

$$\tilde{w}_i = S_w w_{iw} + \hat{w}_i \qquad (i = 1,2,3,\cdots,n_c) \qquad (2-25)$$

式中　n_c——化学物质组分总数；

S_w——含水饱和度；

$\hat{w}_i$——化学物质组分 i 的吸附质量分数，%。

弥散流量 $\tilde{\boldsymbol{D}}_{iw}$ 具有 Fick 形式，为：

$$\tilde{\boldsymbol{D}}_{iw} = \phi S_l \begin{pmatrix} F_{xx,iw} & F_{xy,iw} & F_{xz,iw} \\ F_{yx,iw} & F_{yy,iw} & F_{yz,iw} \\ F_{zx,iw} & F_{zy,iw} & F_{zz,iw} \end{pmatrix} \cdot \begin{pmatrix} \dfrac{\partial w_{iw}}{\partial x} \\[2ex] \dfrac{\partial w_{iw}}{\partial y} \\[2ex] \dfrac{\partial w_{iw}}{\partial z} \end{pmatrix} \qquad (2-26)$$

包含分子扩散（D_{kl}）的弥散张量 $\boldsymbol{F}_{iw}$ 表达式为：

$$F_{mn,iw} = \frac{D_{iw}}{\tau}\delta_{mn} + \frac{\alpha_{Tw}}{\phi S_w}|\boldsymbol{v}_w|\delta_{mn} + \frac{(\alpha_{Lw}-\alpha_{Tw})}{\phi S_w}\frac{v_{wm}v_{wn}}{|\boldsymbol{v}_w|} \qquad (2-27)$$

式中 α_{Lw}，α_{Tw}——水相的纵向和横向弥散系数；

  τ——迂曲度；

  v_{wm}，v_{wn}——水相空间方向流量，$m^3/(d \cdot m^2)$；

  δ_{mn}——Kronecher Delta 函数。

每相向量流量积表达式为：

$$|v_w| = \sqrt{(v_{wx})^2 + (v_{wy})^2 + (v_{wz})^2}$$ （2-28）

第四节　三元复合驱机理和物理化学现象数学描述模型

通常来讲，三元复合驱的驱油机理有降低界面张力、流度控制作用和通过不同化学剂复配降低主剂损失。此外，乳化会产生对原油的乳化夹带作用。但降低界面张力、流度控制和降低化学剂损失是三元复合驱最重要的驱油机理，因此，重点围绕这三个方面建立三元复合驱油机理数学模型。

一、聚合物黏性驱油数学模型

1. 聚合物引起的水相黏度增加

水相中溶解了高分子聚合物后，采用 Meter 方程表征黏度与剪切速率的关系

$$\mu_p = \mu_w + \frac{\mu_p^0 - \mu_w}{1 + (\gamma/\gamma_{ref})^{\theta-1}}$$ （2-29）

式中 μ_p——聚合物溶液黏度，$Pa \cdot s$；

  γ——剪切速率，s^{-1}；

  γ_{ref}——参考剪切速率，s^{-1}；

  θ——由实验资料确定的参数；

  μ_p^0——剪切速率为零时的聚合物溶液黏度。

μ_p^0 为聚合物质量分数和有效含盐质量分数的函数：

$$\mu_p^0 = \mu_w [1 + (A_{p1}w_{pw} + A_{p2}w_{pw}^2 + A_{p3}w_{pw}^3) w_{SEP}^{S_p}]$$ （2-30）

式中 w_{pw}——水相中聚合物的质量分数，%；

  A_{p1}，A_{p2}，A_{p3}——由实验资料确定的常数；

  w_{SEP}——水相中有效含盐质量分数，%；

  S_p——由实验资料确定的参数。

2. 聚合物吸附滞留引起的水相渗透率下降

储层中由于聚合物的吸附滞留会造成水相渗透率下降，利用渗透率下降系数描述该现象：

$$R_k = 1 + \frac{(R_{KMAX} - 1) b_{rk}w_{pw}}{1 + b_{rk}w_{pw}}$$ （2-31）

式中 R_k——渗透率下降系数；

  b_{rk}——由实验确定的常数；

  R_{KMAX}——最大渗透率下降系数。

3. 聚合物溶液弹性驱油数学模型

利用第一法向应力差表征聚合物溶液的弹性大小，它与聚合物的分子量、质量分数和剪切速率有关。

实验室实测了聚合物溶液第一法向应力差与聚合物的分子量、质量分数和剪切速率的关系（图 2-40），表明，分子量和质量分数越大，弹性越大；剪切速率越大，聚合物溶液弹性越大。

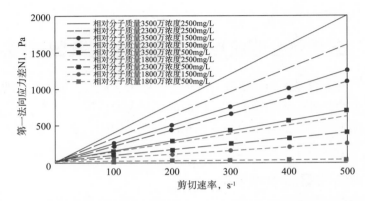

图 2-40　聚合物溶液第一法向应力差与相对分子质量、质量分数和剪切速率的关系

根据实验室测定结果，建立聚合物溶液第一法向应力差与聚合物的分子量、质量分数和剪切速率的函数关系模型为：

$$N_{p1} = [C_{n1}(M_r) \cdot C_{pw} + C_{n2}(M_r) \cdot C_{pw}^2] \cdot (\beta\gamma) \tag{2-32}$$

式中　N_{pl}——聚合物溶液第一法向应力差，kPa；

C_{pw}——水相中聚合物的质量分数，%；

$C_{n1}(M_r)$，$C_{n2}(M_r)$——与聚合物分子量M_r有关的参数；

β——由实验确定的参数。

实验室测定了不同弹性聚合物溶液的毛细管驱替曲线，结果如图 2-41 所示（符号 N1 表示聚合物溶液的第一法向应力差），从曲线图可见，在任意毛细管数下，残余油饱和度都会随着聚合物溶液弹性的增加而降低，采收率随着聚合物溶液弹性的增加而增加。

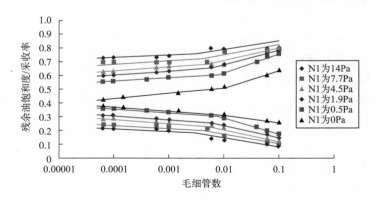

图 2-41　不同弹性聚合物溶液毛细管驱油曲线

4. 表面活性剂和碱的复合协同效应驱油机理

1）界面张力

对于低浓度表面活性剂驱，表面活性剂、碱和原油之间的协同效应通过界面张力活性函数描述：

$$\sigma_{ow} = \sigma_{ow}(w_{Sw}, w_{Aw}) \tag{2-33}$$

式中　σ_{ow}——油水相间的界面张力，mN/m；

　　　　下标 o——油相；

　　　　下标 w——水相；

　　　　w_{Sw}——水相中表面活性剂的质量分数，%；

　　　　w_{Aw}——水相中碱的质量分数，%。

界面张力活性函数关系式由实验测定的界面张力活性图（图2-42）量化给出。

2）碱耗

影响碱耗的因素非常多，主要有离子交换、碱与原油中酸性物质反应、岩石溶解以及结垢沉淀引起的碱耗，这些碱耗过程需要实验室开展大量系统的实验才能对其进行量化描述表征，而且，需要建立极其复杂的数学模型，现有的求解技术很难满足这种大规模复杂化学反应数学模型计算的需要。因此，为了不使模型过于复杂，从实用化的角度考虑，将碱统一考虑为一个拟组分，图2-43给出了实验室测定的不同碱浓度在大庆油砂上的碱耗曲线。曲线的形状表明，可以利用 Langmuir 形式等温吸附关系描述碱耗过程：

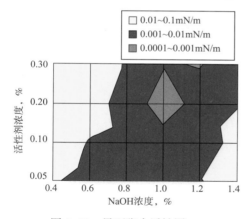

图 2-42　界面张力活性图

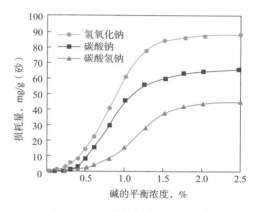

图 2-43　不同碱剂吸附损耗曲线

$$\hat{C}_A = \frac{a_1 w_{Aw}}{1 + b_1 w_{Aw}} \tag{2-34}$$

式中　$\hat{C}_A$——碱的损耗量，mg/g（砂）；

　　　　a_1，b_1——由实验资料确定的参数。

3）表面活性剂吸附损耗

碱在化学复合驱中可以起到牺牲剂的作用，它在多孔介质中吸附后，会大大降低表面活性剂的吸附量，使表面活性剂更好地发挥驱油作用。图2-44给出了大庆油田条件下

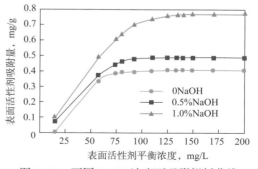

图 2-44　不同 NaOH 浓度下吸附损耗曲线

NaOH 浓度分别为 0、0.5%、1.0% 时，表面活性剂在大庆油砂上的吸附损耗曲线。可以看出，随着 NaOH 浓度的增加，表面活性剂的吸附损耗量下降。为此，利用如下模型描述碱对表面活性剂吸附损耗的影响关系：

$$\hat{C}_S = \frac{a_2 w_{Sw}}{1 + b_2 w_{Sw}} \cdot e^{-(\lambda \hat{C}_A)} \tag{2-35}$$

式中　$\hat{C}_S$——表面活性剂的吸附损耗量，mg/g（砂）；

a_2，b_2，λ——由实验资料确定的参数。

5. 毛细管数

毛细管数是界面张力、渗透率张量和势梯度的函数，定义为：

$$N_{cl} = \frac{\left| \boldsymbol{K} \cdot \mathrm{grad}\, \boldsymbol{\Phi}_{l'} \right|}{\sigma_{ll'}} \quad (l = \mathrm{w, o}) \tag{2-36}$$

式中　N_{cl}——l 相的毛细管数；

$\sigma_{ll'}$——被驱替和驱替相之间的界面张力，mN/m；

$\boldsymbol{\Phi}_l$——驱替相的势，kPa。

6. 相残余饱和度

残余油饱和度 S_{or} 是第一法向应力差 N_{p1} 和油相毛细管数 N_{co} 的函数：

$$S_{or} = S_{or}^h + \frac{S_{or}^w - S_{or}^h}{1 + T_1 N_{p1} + T_2 N_{co}} \tag{2-37}$$

式中　S_{or}^h——极限高弹性和高毛细管数理想情况下三元复合驱残余油饱和度的极限值；

S_{or}^w——水驱残余油饱和度；

T_1，T_2——由实验资料确定的参数。

束缚水饱和度仅是其毛细管数 N_{cw} 的函数：

$$S_{wr} = S_{wr}^h + \frac{S_{wr}^w - S_{wr}^h}{1 + T_3 N_{cw}} \tag{2-38}$$

式中　S_{wr}^h——极限高弹性和高毛细管数理想情况下三元复合驱束缚水饱和度的极限值；

S_{wr}^w——水驱情况下束缚水饱和度；

T_3——由实验资料确定的参数。

7. 相对渗透率曲线

利用指数关系描述相对渗透率曲线：

$$K_{rl} = K_{rl}^0 \left(S_{nl} \right)^{n_l} \quad (l = \mathrm{w, o}) \tag{2-39}$$

式中　S_{nl}——l 相的正规化饱和度。

表达式为：

$$S_{nl} = \frac{S_l - S_{lr}}{1 - S_{wr} - S_{or}} \quad (l = \mathrm{w, o}) \tag{2-40}$$

端点值 K_{rl}^0 和指数值 n_l 的计算表达式分别是：

$$K_{rl}^0 = K_{r,L,l} + \frac{S_{r,L,l} - S_{lr}}{S_{r,L,l} - S_{r,H,l}}(K_{r,H,l} - K_{r,L,l}) \quad (l = \mathrm{w, o}) \tag{2-41}$$

$$n_l = n_{L,l} + \frac{S_{r,L,l} - S_{lr}}{S_{r,L,l} - S_{r,H,l}}(n_{H,l} - n_{L,l}) \quad (l = w, o) \tag{2-42}$$

式中　$K_{r,L,l}$，$n_{L,l}$——低毛细管数和低弹性条件下（相当于水驱条件）的相对渗透率曲线端点值和指数值；

$\quad\quad K_{r,H,l}$，$n_{H,l}$——极限高毛细管数和高弹性条件下的相对渗透率曲线端点值和指数值；

$\quad\quad S_{r,L,l}$——低毛细管数和低弹性条件下是 l 相残余饱和度；

$\quad\quad S_{r,H,l}$——极限高毛细管数和高弹性条件下是 l 相残余饱和度的极限值。

8. 多种分子量聚合物混合驱油机理数学模型

1）数学模型

如果有不同分子量聚合物同时在油藏中渗流时，把每一种聚合物看成独立物质组分，采用独立的物质运移模型描述每一种聚合物的物质传输过程；在驱油机理模型中，按照各种分子量聚合物物质的量加权平均形式刻画多种分子量聚合物混合后的综合驱油作用。

多种分子量聚合物（设有 n 种分子量聚合物）混合后，聚合物总质量分数是溶液中所有分子量聚合物各自质量分数w_{pi}的总和，即：

$$w_{pt} = \sum_{i=1}^{n} w_{pi} \tag{2-43}$$

式中　w_{pt}——聚合物总质量分数，%；

$\quad\quad w_{pi}$——第 i 种聚合物质量分数，%。

驱油机理数学模型中的聚合物质量分数采用多种聚合物混合后的总质量分数，但是数学模型中的各项参数利用每种分子量聚合物单独驱油时相对应的参数进行物质量加权平均方法得到，即：

$$\alpha = \left(\sum_{i=1}^{n} w_{pi}\alpha_i \right) / \left(\sum_{i=1}^{n} w_{pi} \right) \tag{2-44}$$

式中　α——多种聚合物混合后驱油机理数学模型中的参数；

$\quad\quad \alpha_i$——单一分子量聚合物驱油机理模型中相对应的参数。

2）实验依据

实验室实测了不同分子量聚合物复配的黏度—浓度关系，同时利用所建立的多种分子量聚合物溶液混合驱油机理数学模型进行了模拟计算。图 2-45 给出了中—高分子量聚合

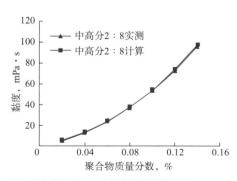

（a）中高分比例 6:4 实测与模拟计算对比

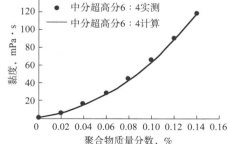

（b）中分超高分比例 6:4 实测与模拟计算对比

图 2-45　聚合物溶液黏度模拟计算结果与实测数据对比曲线

物比例为 6:4 和中—超高分子量聚合物比例为 6:4 两种混合溶液实测的黏度—浓度关系与利用模型模拟计算的黏度—浓度关系对比，二者非常吻合。

二、实际应用

利用研制的模型进行了大庆油田 X6D2 区块表面活性剂—碱—聚合物复合驱油开发效果预测。X6D2 区块面积为 4.77km²，为注采井距 141m 的五点法面积井网，总井数为 214 口，其中注入井 110 口，采出井 104 口。开采目的层葡 I3，油层孔隙体积为 $788.17 \times 10^4 m^3$，地质储量为 $452.29 \times 10^4 t$，平均砂岩厚度为 7.3m，有效厚度为 5.7m，平均有效渗透率为 515mD。

1. 数值模拟地质模型建立

根据沉积特征，建立数值模拟地质模型时，纵向上分为 2 个模拟层。平面 X 方向划分为 138 个网格节点，Y 方向划分为 85 个网格节点，总网格节点数为 $138 \times 85 \times 2 = 23460$ 个节点。

2. 三元复合驱油开发效果预测

设计表面活性剂—碱—聚合物复合驱油方案为：表面活性剂—碱—聚合物复合体系注入速度为年注 0.2PV 孔隙体积，采用 2500 万分子量的聚合物，表面活性剂为烷基苯磺酸盐，碱为氢氧化钠。驱油体系注入段塞设置为：前置聚合物溶液段塞 0.075PV 孔隙体积；表面活性剂—碱—聚合物复合体系主段塞 0.30PV 孔隙体积，体系中表面活性剂、碱和聚合物质量分数分别为 0.2%、1.0% 和 0.2%；表面活性剂—碱—聚合物复合体系副段塞 0.15PV 孔隙体积，体系中表面活性剂、碱和聚合物质量分数分别为 0.1%、1.0% 和 0.17%；聚合物后续保护段塞 0.2PV 孔隙体积，质量分数为 0.14%；后续水驱至综合含水率 98.0% 为止。

数值模拟预测表面活性剂—碱—聚合物复合驱油效果为，当化学剂溶液注入 0.417PV 孔隙体积时，区块综合含水率降低到最低点 80.08%，当综合含水率回升至 98% 时，全过程总注入孔隙体积倍数为 1.111PV，阶段采收率 20.79%，表面活性剂—碱—聚合物复合驱油比水驱多提高采收率 16.71%。表面活性剂—碱—聚合物复合驱油开采动态预测曲线如图 2-46 所示。

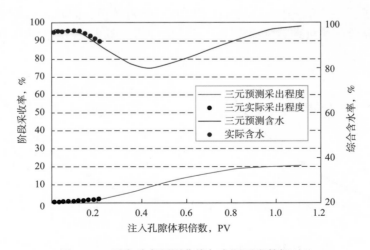

图 2-46　开发动态预测曲线与实际开发数据对比

3. 开发效果预测结果与实际开发数据对比

目前，该区块已经完成了前置聚合物溶液段塞 0.075PV 孔隙体积和表面活性剂—碱—聚合物复合体系主段塞 0.136PV 孔隙体积的注入。将实际开发动态数据与数值模拟预测结果进行了对比，如图 2-36 所示。从对比结果可见，预测结果与后来的实际开发动态数据符合程度非常好，由此说明，所建立的数学模型能够正确模拟表面活性剂—碱—聚合物复合驱油过程。

第三章　实施跟踪调整及综合评价技术

三元复合驱注入、驱替是伴有物化作用的多组分、多相态复杂体系流动和渗流过程，理论和工程技术更为复杂。从三元复合驱矿场试验来看，三元复合驱在开采过程中扩大波及体积与提高驱油效率的作用显著，但是由于油藏条件、方案设计、跟踪管理的不同，各区块、单井间含水、压力、注采能力、采剂浓度等动态变化特征存在一定的差异，同时也对开发效果产生了一定的影响。实践表明，综合措施调整是改善复合驱注采能力、提高动用程度、促进含水下降的有效手段。可以保证复合驱动态趋势保持在合理的范围，但措施调整的类型、时机、选井选层的原则和界限直接影响措施调整的效果。因此，对于三元复合驱动态开采规律的深入研究，制定合理综合措施调整方法，建立合理评价方法，是保证三元复合驱开发效果的关键 [17]。

第一节　三元复合驱动态开发规律及跟踪调整技术

在三元复合驱先导性试验开展期间，曾有研究报道 [18-19]：与聚合物驱相比，三元复合驱过程中注入能力下降幅度低，采出能力和综合含水的下降幅度大，在低含水期出现了乳化和结垢现象，三元复合驱比水驱提高采收率20% 以上。尽管注采能力下降，但由于含水率大幅度降低，所以三元复合驱仍保持了较高的采油速度；也有报道称三元复合驱注入能力、采液能力均高于聚合物驱 [20]。工业性扩大试验开展早期，有报道称250m 注采井距条件下，三元复合驱注入压力高，吸水能力差，产液下降幅度大 [21]。这些报道针对不同地质条件和开发条件下的试验区给出了不同的认识。随着三元复合驱油技术应用规模的扩大，对其开采规律的认识也越来越全面，越来越深入 [22-31]。本章以三元复合驱工业性试验区块为研究对象，对三元复合驱全过程进行了阶段划分，分析了三元复合驱注入能力、产液能力、综合含水、采出化学剂浓度、乳化等的变化规律。

根据复合驱矿场动态反应情况，三元复合驱注采能力、综合含水，见剂、乳化等动态指标变化具有一定的规律性，结合复合驱方案设计，分析不同阶段面临的问题，明确调整措施方法，并研究分注、调剖和压裂等措施的适用条件和时机，形成了复合驱跟踪调整技术。

一、三元复合驱动态开发规律

1. 三元复合驱开采阶段划分及各阶段动态特点

根据三元复合驱特有的段塞组合及注入过程中动态表现的明显阶段性，可将三元复合驱全过程划分为五个阶段：前置聚合物段塞阶段、三元主段塞前期、三元主段塞后期、三元副段塞阶段、保护段塞 + 后续水驱阶段 [32]（图3-1）。

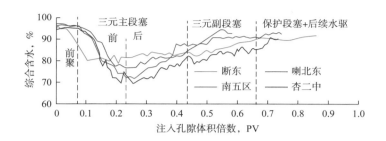

图 3-1　三元复合驱开采阶段划分示意图

1）前置聚合物段塞阶段

注入聚合物溶液后，聚合物分子在油层中的滞留使阻力系数增大，注入压力快速上升，注采能力和产液量快速下降。前置段塞结束时压力上升 3MPa 左右，视吸水指数下降 40% 左右，产液指数下降 20%~40%，产液量下降 20%~30%。此阶段为注入剖面调整阶段，剖面动用程度都有明显提高。

2）三元主段塞前期

三元主段塞前期注入剖面继续调整，"油墙"逐步形成并达到采出端。动态特征上表现为：注入压力缓慢上升，直至达到压力上限后稳定，视吸水指数缓慢下降；采油井大面积受效，含水快速下降，直至最低点，产液指数下降速度较前置段塞变缓，含水降至最低点时采油井出现乳化。

3）三元主段塞后期

该阶段的动态特征主要表现为：注入压力、视吸水指数基本稳定，产液指数缓慢下降至稳定，注采困难井增多；含水开始回升；化学剂开始突破，直至接近高峰；由于 OH^- 与 HCO_3^- 反应，HCO_3^- 浓度下降，CO_3^{2-} 浓度上升，并与 Ca^{2+}、Mg^{2+} 反应生产沉淀，采出端开始结垢。随 pH 值升高，CO_3^{2-} 浓度不断上升，与 Ca^{2+}、Mg^{2+} 反应，并不断消耗 Ca^{2+}、Mg^{2+}，使之浓度降低。同时硅离子浓度逐渐升高，生成硅垢与碳酸盐垢混合垢。采油井自含水进入低值期后开始出现乳化，乳化程度与水驱剩余油多少有关。在此期间随含水升高，乳化类型由 W/O 型向 O/W 型转变，含水高于 80% 后不出现乳化。

4）三元副段塞阶段

三元副段塞阶段注入压力在高值稳定，视吸水指数和产液指数在低值稳定，含水继续回升；化学剂全面突破，在高值保持稳定；硅离子浓度上升，pH 值上升，采出端结垢严重。

5）保护段塞 + 后续水驱阶段

保护段塞 + 后续水驱阶段含水缓慢回升；采聚浓度在高值稳定后降低，采表、采碱浓度降低；结垢减轻，因结垢作业井数降低，检泵周期明显增加。

2. 三元复合驱注入能力变化规律

三元复合驱注入化学剂后，注入压力上升，注入能力下降。整个过程注入压力上升 5.2~7.0MPa，比视吸水指数下降 55.4%~72.8%，但各阶段变化幅度不同。在前置聚合物驱阶段注入压力大幅度上升 3.0~5.8 MPa，比视吸水指数快速下降 40.0%~58.4%；特别是注入孔隙体积倍数 0.04PV 之前注入压力急剧上升，比视吸水指数急剧下降。在三元主段塞

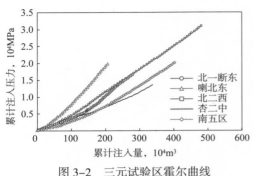

图3-2　三元试验区霍尔曲线

前期，注入压力缓慢上升0.9~3.5MPa，比视吸水指数缓慢下降7.4%~16.0%。三元主段塞后期注入压力略有上升后趋于稳定，比视吸水指数略有下降后趋于稳定。相近地质条件的聚合物驱全过程比视吸水指数下降41.4%~53.3%，三元复合驱注入能力略低于聚合物驱。而弱碱三元复合驱视吸入指数在前置聚合物段塞下降较快，而后下降幅度逐渐变缓趋于平稳，下降幅度低于二类油层聚驱和强碱三元复合驱[33]（图3-2）。

3. 三元复合驱产液能力动态变化规律

三元复合驱产液能力的变化与注入能力的变化相似，但滞后于注入能力的变化。在前置聚合物段塞阶段和三元主段塞前期产液指数下降幅度较大，前置聚合物段塞阶段下降19.8%~47.1%，三元主段塞前期下降17.8%~30.2%，在三元主段塞后期略有下降，注入0.42PV后，即副段塞以后趋于稳定。全过程采液能力下降44.5%~82.8%，下降幅度高于相近地质条件的聚合物驱。三元复合驱产液能力与注采井距和注入参数有关，注采井距越大，产液能力越低。弱碱三元复合驱示范区注入三元复合体系后，尤其是进入见效阶段后，由于流动阻力不断增强，油层的压力传导能力下降，产液量和产液指数也随之下降。但由于弱碱三元复合驱结垢井数少，产液量下降并不明显，产液能力高于强碱三元驱和二类油层聚驱[34]（图3-3）。

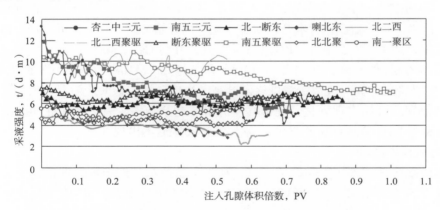

图3-3　三元复合驱与聚合物驱产液强度对比图

4. 三元复合驱含水动态变化规律

三元复合驱在前置聚合物段塞阶段基本没有受效，含水在高值保持稳定；三元主段塞前期含水快速下降至低点，主段塞后期在低值稳定一段时间后回升；三元副段塞以后含水缓慢回升（图3-4）。

三元复合驱含水下降幅度大于相近地质条件的聚合物驱，三元复合驱工业性试验区中心井含水下降幅度在17.5%~25.5%之间，与先导性试验区（中心井含水下降幅度25.1%~49.2%）相比，中心井含水下降幅度小，但回升速度相对较慢；而与聚合物驱区块（含水下降幅度为 7.5%~16.1%）相比，最大含水降幅比聚合物驱高 5.0~14.2 个百分点（表 3-1）。

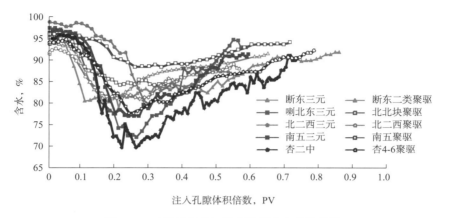

注入孔隙体积倍数，PV

图 3-4　三元复合驱与聚合物驱含水变化曲线

表 3-1　三元试验区与聚驱含水最大下降幅度对比表　　　单位：百分点

项目	杏二中	南五区	北一区断东	喇北东	北二西
三元复合驱	25.5	19.3	17.5	25.3	19.1
聚驱	16.1	7.5	12.5	11.1	10.3
含水降幅差值	9.4	11.8	5.0	14.2	8.8

不同区块含水率变化特点：不同的试验区含水见效早晚、下降速度、下降幅度、回升速度、低含水期持续时间等都存在差异。区块含水变化特征主要受储层非均质性、注采井距、初始含水率、剩余油多少、注入参数、措施及跟踪调整等的影响。

单井含水率变化特点，三元复合驱单井的含水率变化曲线据其形态的不同可以分为五种类型："U"形、"√"形、"W"形、"V"形、"—"形。"U"形井一般为单一厚层河道砂，多向连通且连通井油层发育较好，层内较为均质，剩余油较多。"√"形井一般层间发育状况及连通状况存在差异，薄差层较多，接替受效，措施及调整减缓含水率回升速度。"V"形井一般发育单一河道，多向连通，层内非均质性强。"W"形井一般薄层、厚层比例相当，通过措施及调整各类油层接替受效，均得到较好动用。"—"形井一般为原水驱井网注采主流线井和水井附近的井，剩余油少，见效差，见效晚或不见效，含水率变化小。

5. 三元复合驱采剂浓度变化规律

三元体系在地下运移过程中，由于竞争吸附、离子交换、液—液分配、多路径运移、滞留损失等作用，聚合物、碱、表面活性剂会发生色谱分离，到达采出端时，所用时间不同，采出化学剂的相对浓度也不同。

室内物理模拟实验的结果是：聚合物在多孔介质运移过程中滞留量最小，相对采出浓度（采出浓度与注入浓度的比值）最高；表面活性剂滞留量最大，相对采出浓度最低；碱居中。数值模拟结果也表明：三元复合驱化学剂突破顺序为聚合物、碱、表面活性剂；表面活性剂滞留量较大。

　　试验区采出化学剂表现出的动态特点是：在三元主段塞后期化学剂开始突破，直至接近高峰；三元副段塞化学剂全面突破，在高值保持稳定；后续保护段塞采聚浓度在高值稳定后降低，采表、采碱浓度降低。试验区化学剂见剂顺序多数区块也表现为先见聚合物，其次是碱，最后是表面活性剂。见剂高峰时采出化学剂的相对浓度也表现为聚合物最高，碱次之，表面活性剂最低。这是由于表面活性剂除了较聚合物更容易被吸附外，还有一部分分配到原油中；碱与矿物和流体的化学反应使碱耗也很大（图 3-5 至图 3-7）。

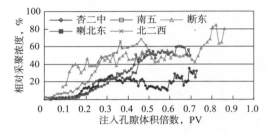

图 3-5　工业性试验区相对采聚浓度曲线

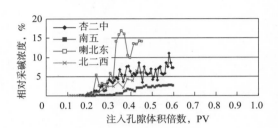

图 3-6　工业性试验区相对采碱浓度曲线

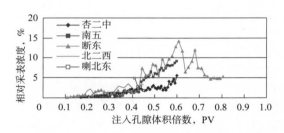

图 3-7　工业性试验区相对采表浓度曲线

6. 三元复合驱乳化规律

　　三元复合驱具有乳化作用，见效高峰开始乳化；乳化程度与剩余油有关，水驱后剩余油富集区乳化程度强，乳化井含水下降幅度大，阶段采出程度高，乳化对采液能力影响不大（表 3-2）。不同开采阶段乳化类型不同：三元复合驱主段塞注入阶段，随含水升高，乳化类型由 W/O 型向 O/W 型转变，最后转变为不乳化；三元复合驱副段塞注入阶段，采出液含水升高，水相中表面活性剂增加，形成 O/W 型乳状液。

表 3-2　乳化效果分析表　　　　　　　　　　单位：%

试验区	低未水淹厚度比例	水驱采出程度	中心井					乳化井				
			水驱末含水	最低点含水	含水降幅	阶段采出程度	产液降幅	水驱末含水	最低点含水	含水降幅	阶段采出程度	产液降幅
南五区	12.3	45.6	96.8	76.9	19.9	19.2	45.8	89.0	56.6	32.4	39.6	13.4
断东	27.6	36.9	96.2	78.7	17.5	30.8	0.0	94.3	53.3	41.0	38.3	28.3
喇北东	30.3	35.7	97.0	72.0	25.0	20.0	24.7	97.4	53.4	45.2	21.9	38.5

二、三元复合驱全过程跟踪调整技术

1.三元复合驱分阶段跟踪调整模式

针对不同阶段的动态特点和存在问题（图3-8），制定相应的调整措施，建立了全过程跟踪调整模式。针对前置聚合物段塞阶段注入压力不均衡，剖面动用差异大的问题，以"调整压力平衡、调整注采平衡"为原则，实施调剖、分注、优化注入参数等措施；针对主段塞前期部分井注采能力下降幅度过大、见效不同步的问题，以及主段塞后期部分井注采困难、化学剂开始突破的问题，以"提高动用程度、提高注采能力"为目标，实施分注、注入参数调整、注入井压裂、采油井压裂等措施；针对副段塞和后续聚合物保护含水回升、化学剂低效循环、注采能力低等问题，以"控制无效循环、控制含水回升"为原则，注入井实施方案调整、解堵、压裂，采油井实施堵水、压裂、压堵结合等措施（表3-3）。跟踪调整措施的实施保持了全过程较高的注采能力和较长的低含水稳定期，保证了示范区的开发效果。

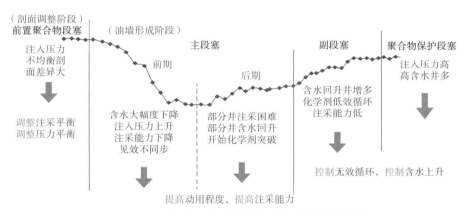

图 3-8　三元复合驱分阶段特点及存在问题示意图

表 3-3　三元复合驱分阶段存在问题及调整措施表

阶段	存在主要问题	调整措施
前置聚合物段塞阶段	油层渗透率级差大 存在高渗透带 注入压力不均衡 油层动用差异大	个性化设计复合体系聚合物分子量和浓度 调剖 分注
三元主段塞前期	注采能力大幅度下降 出现注采困难井 受效不均衡	注入井压裂、解堵 注入参数调整 分注
三元主段塞后期	部分井注采困难 部分井含水回升 部分井化学剂突破	注入井压裂 采油井压裂 注入参数调整 调剖
三元副段塞阶段	含水回升井增多 化学剂低效循环 注采能力低	注入参数调整 交替注入 采出堵水 选择性压裂
聚合物保护段塞＋后续水驱阶段	注入压力高 高含水井多	注入参数调整 注入井解堵 采油井高含水治理

2. 三元复合驱合理措施时机

（1）调剖时机。建立不同非均质程度的三层非均质模型，渗透率变异系数（V_k）分别为 0.5、0.65、0.8，水驱至含水 94% 时开始化学驱，模拟不同非均质条件下，调剖时机对开发效果的影响。结果表明，调剖越早效果越好，在注入 0.1PV 以内调剖对开采效果影响最大，提高采收率可比不调剖增加 3 个百分点左右（图 3-9）。

（2）分层注入时机。无论是水驱、还是聚合物驱、三元复合驱，分层注入都可有效提高油层动用程度，改善开发效果。渗透率级差越大，分层注入对开采效果的影响也越大（图 3-10）。不论多大级差，都是分注越早效果越好，级差越大越应及早分注。渗透率级差为 3 时，在主段塞结束前分注，对效果影响不大；渗透率级差为 5 时，在受效高峰以前分注，对效果影响不大；渗透率级差达到 15，要在主段塞注入以前即前置聚合物段塞期间分注。

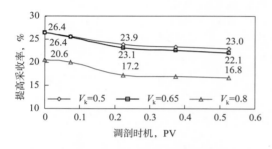

图 3-9　不同变异系数条件下调剖时机
对开采效果影响图

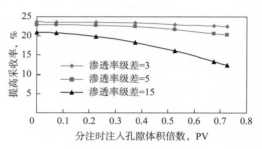

图 3-10　不同渗透率级差条件下分注时机
对开采效果影响图

（3）压裂时机。压裂在三元复合驱过程中起着至关重要的作用，三元主段塞前期、后期及副段塞注入阶段均不同程度地采取了压裂措施。注入井压裂增注，采油井压裂提液增产。根据数值模拟结果，注入井压裂的最有利时机是在低含水期及以前压裂效果最佳（图 3-11）。

采油井压裂应该选择在低含水期以及其后进行压裂效果最好。数值模拟结果同样证明，含水进入低值期后的 0.22~0.52PV 压裂效果较好，在化学体系注入 0.3PV 左右，压裂对提高采收率的影响最大（图 3-12）。

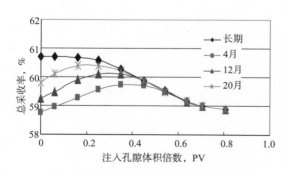

图 3-11　注入井不同压裂时机对驱油
效果的影响图

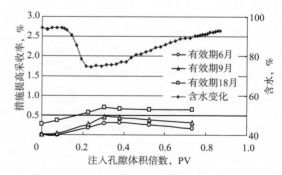

图 3-12　采油井不同压裂时机对驱油
效果的影响图

第二节　三元复合驱合理压力系统

三元复合驱开发全过程，最佳的注入压力是要做到"注不超压""注保效果"。从"注不超压"的角度来看，要求各阶段预留足够压力空间保证全过程顺利注入。这就要求在三元复合驱方案制定时合理预测注入压力上升幅度和变化规律，做到全过程统筹。要做到"注保效果"，就要明确注入压力与三元复合驱开发效果的关系。通过分析注入压力与油层动用比例、油层动用均衡程度的关系，确定油层动用与含水降幅、化学驱阶段采出程度的关系，以及各阶段要求的注入压力水平。进而结合"注不超压""注保效果"两个方面，确定三元复合驱各阶段注入压力技术界限的合理范围[35]。

一、三元复合驱注入压力变化规律及预测方法

1. 三元复合驱注入压力变化规律

三元复合驱过程中，随着化学剂注入，注入流体黏度增加，阻力系数增大，渗流能力下降，为保持一定的注入速度，注入压力会逐渐升高，当化学剂吸附捕集达到平衡，新的流动体系建立后，注入压力保持相对稳定。从区块的注入压力随注入体积变化特征来看，注入压力随注入体积的上升变化符合对数关系。全过程注入压力分为快速上升、缓慢上升、微弱上升和相对稳定三个阶段。注入化学剂初期，高黏流体阻力增大且渗流面积小推进速度快，注入压力快速上升；随着化学剂的推进，渗流面积增大，推进速度减缓，注入压力上升减缓；当化学剂注入后压力系统达到新的平衡后，注入压力保持基本稳定[36]。

2. 三元复合驱注入压力上升影响因素

根据矿场统计结合油藏工程理论分析，确定了影响三元复合驱注入压力上升的主要因素。在复合驱开发过程中，影响注入压力上升的主要为厚度、渗透率、非均质性等地质和注入体积、注入黏度、控制程度开发两类因素。

3. 三元复合驱注入压力上升速度预测方法

通过复合驱注入过程中注入压力上升的深入分析，确定了注入压力上升的变化特征。如果暂不考虑体系弹性作用，三元复合驱过程中由于注入介质黏度增加，在油层中流动过程阻力系数增加，运移单位距离的压力损耗增大，造成注入端需要的注入压力升高。为此通过研究了径向流推进速度及不同黏度比下的阻力系数，进而确定了注入压力上升速度变化特征。

随化学剂注入注采压差（p_e-p_{wf}）、动用厚度（h）逐渐增大；化学剂注入过程中，随注入化学剂前缘推进速度逐渐减缓；注入压力变化逐渐减缓，前缘到达采出井后达到基本稳定。

通过分析，注入压力上升速度与前缘推进速度、阻力系数正相关，通过分析前缘推进速度与注入速度及注入体积相关，阻力系数与黏度、油层物性相关，通过分析，建立了三元复合驱注入压力上升速度预测方法。

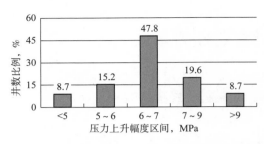

图 3-13 BYDD 区块注入压力上升幅度分布

三元复合驱过程中，单井注入压力上升幅度不同，其中注入压力上升 6~7MPa 的井占 47.8%，比例最大（图 3-13）。通过注入压力上升影响因素分析，影响压力上升的主控因素是流度、注入速度、油层的注入能力和控制程度。以往预测注入压力上升幅度有两大公式即裘比公式和马斯凯特公式，裘比公式反映的是油层流体开始流动后需要的附加压力，是一个理想的水力学公式，描述复合驱注入压力上升幅度存在一定误差；而马斯凯特公式中的吸水指数是化学驱过程中的最低吸水指数，很难估算。

做差求得压力准数：

$$\gamma = \frac{q\mu}{\pi k h} \tag{3-1}$$

式中　γ——压力准数（空白水驱注采地层压差），MPa；

　　　　q——注入速度，m^3/d；

　　　　μ——流体黏度，mPa·s；

　　　　K——油层渗透率，mD；

　　　　h——油层厚度，m。

从表达式来看压力准数综合反映了注入速度和地层系数（油层条件），而利用压力准数反映的地层系数是有效地层系数，是物性、油层厚度、非均质及控制程度的综合体现。具体的计算方法是通过注入井地层压力与 4 口采出井按照地层系数加权平均计算的井组地层压力之差计算压力准数。

通过分析试验区压力准数与区块注入压力上升幅度间的关系表明，压力准数越高的区块三元复合驱过程注入压力上升幅度越大；为进一步确定压力准数与注入压力上升幅度的关系，统计了喇北东和北一断东两个试验区的单井压力准数与注入压力上升幅度的关系。统计表明，随压力准数增大注入压力上升幅度增大，两者呈正相关关系；在此基础上，开展了 15 支天然岩心物理模拟试验，模拟结果证明，水驱注入压力与三元复合驱最高注入压力具有很好的正相关关系。这就从区块、单井、物模三个层次证明了压力准数可以很好地表征油层条件对三元复合驱注入压力上升幅度的影响，与压力上升幅度具有很好的正相关关系。

三元复合驱过程中注入压力上升幅度的大小，储层特征是根本影响因素是内因，而体系的流度是客观因素是外因。在研究压力准数对注入压力升幅影响的基础上，研究了体系流度与三元复合驱注入压力上升幅度的关系。分不同流度统计了北一断东试验区注入井压力准数与注入压力上升幅度的关系，随流度增加压力准数—注入压力上升幅度关系斜率减小，即流度增大，增加单位压力准数，注入压力上升幅度减小。为进一步验证流度与注入压力上升幅度的关系，开展了 10 支 3 种流度天然岩心物模实验。实验结果表明，随注入体系流度升高，注入压力随压力准数增加的上升幅度减小。矿场统计及物模实验研究证明体系流度越大，同等条件下注入压力上升幅度越小。

通过对压力上升幅度影响因素的分析，确定了注入压力上升幅度与压力准数、体系流度两个影响因素的关系，在此基础上建立了三元复合驱注入压力上升幅度的预测方法，并通过实际区块进行了准确性验证。

为了准确预测三元复合驱注入压力的上升幅度，在压力上升影响因素分析的基础上，统计回归建立了三元复合驱最高注入压力的数学公式。理论分析和物理模拟实验表明，流度对注入压力上升的影响反映在阻力系数上。通过物理模拟实验及矿场数据回归，阻力系数与流度的关系可以表示为

$$Rf = \left(1 + a\frac{\mu_{asp}}{\mu_o} \cdot K^{-b}\right)$$ （3-2）

三元复合驱最高注入压力是压力准数与阻力系数的乘积。系数 c 取决压力准数与空白水驱注入压力的关系。系数 a、b 通过物模实验与矿场统计结合确定。

$$p_{max} = c \cdot \gamma \cdot \frac{Rf_{asp}}{Rf_w} = c \cdot \gamma \cdot \left(1 + a\frac{\mu_{asp}}{\mu_o} \cdot K^{-b}\right)$$ （3-3）

式中　p_{max}——复合驱最高注入压力，MPa；

　　　γ——压力准数（空白水驱注采地层压差），MPa；

　　　μ_{asp}——复合体系黏度，mPa·s；

　　　μ_o——油相黏度，mPa·s；

　　　K——油层渗透率，mD；

　　　a，b，c——待定系数，a，b 据物模实验或矿场统计回归求的，c 据矿场统计求的。

压力准数是指空白水驱采油井组的注入井地层压力与采油井地层压力之差。运用等产量—源—汇（注采比1）径向流压力叠加原理表征油水井间压力分布，按井距之半积分求得注采井地层压力。

通过综合分析和深入研究发现，相同注入速度下空白水驱阶段注采地层压力差（注入井地层压力与采油井地层压力之差）很好地反映了油层注入能力和控制程度，体现了注采井间压力场的分布。通过区块、单井、物模实验不同层次的统计分析发现，水驱压差与化学驱压力上升幅度具有很好的正相关关系。通过进一步研究，压差—升幅关系的斜率与注入体系的流度有很好的相关性。通过 10 组天然岩心 3 个流度的物模实验，研究不同流度水驱注入压力与三元复合驱注入最高压力的线性关系斜率。通过分析，随着流度增大，压差—升幅关系的斜率逐渐减小具有很好的线性相关性。通过进一步统计复合驱矿场试验中 35 口注入井 6 个不同流度段空白水驱压差与压力升幅的关系，求取其斜率。通过分析斜率与流度的关系，与物模研究结果一致，斜率与流度呈线性负相关。

通过分析三元复合驱注入压力上升与空白水驱注采地层压差、阻力系数、注入速度三大类因素所反映的控制程度、油层非均质、油层物性、体系流度及匹配关系等多因素的关系，确定了通过压力准数、体系黏度、油层渗透率三因素确定三元复合驱注入压力上升的方法。

研究表明，注入压力变化受油层条件、控制程度、注入速度、注入体系性能等因素综合影响。实际分析过程中利用井筒资料研究的地层系数、控制程度由于井间变化，很难准确反映影响注入压力上升的井组油层条件。通过综合分析，空白水驱注采地层压差（定义为压力准数）可以综合反映井组油层条件和注入速度，而流度可以反映注入体系性能及其与油层的匹配关系。为此，分析了压力准数及流度对注入压力升幅的影响。

二、三元复合驱注入压力对剖面动用的影响

1. 注入压力与剖面动用的关系

油层的动用特征是决定三元复合驱驱替效果的重要影响因素，油层动用包含油层动用幅度和油层动用程度两个层次，分别用来表征油层被动用的比例和油层被动用的程度（即驱替倍数）。油层动用受油层物性、非均质、控制程度、注采类型、体系黏度及注入压力等因素综合影响。为分析注入压力对油层动用的影响，通过统计试验区注入压力与油层动用厚度比例及动用均衡程度的关系，确定了油层动用对复合驱开发效果的影响。

通过对北一断东试验区块 30 多口注入井上千次注入剖面资料统计分析，确定了复合驱不同阶段油层剖面动用特征。总体来看，三元复合驱过程中油层动用厚度逐渐增加，化学驱比空白水驱阶段油层动用提高 12.5 个百分点。从不同油层特征来看，大于 2m 的好油层在空白水驱阶段油层动用高达 89%，化学驱阶段提高空间小，提高近 6.2 个百分点，幅度较小；1~2m 油层是三元复合驱动用程度提高最大的油层，提高动用程度 25.6 个百分点；小于 1m 油层动用程度也有较大幅度提高（图 3-14）。

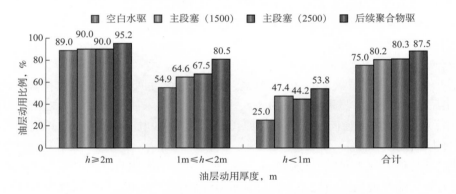

图 3-14　三元复合驱试验区不同油层各阶段动用特征

油层动用受动、静态多因素影响，为确定影响因素与油层动用的关系，应用矿场资料分析了非均质、物性及控制程度等因素与油层动用的关系。通过单井单层统计分析，非均质越强，动用程度越低，动用均衡程度越低；渗透率越高，动用程度越高，动用均衡程度先变好后变差；随控制程度增加，动用比例、动用均衡程度先增加后降低。

从单井注入压力与油层动用比例及动用均衡程度的关系来看，注入井组可划分为 3 种类型。Ⅰ型注入井组油层动用比例及动用均衡程度随注入压力增加而增加，井组具有油层相对均值、井网控制程度高、开发效果较好；Ⅱ型注入井组随注入压力升高，油层动用比例增加、动用均衡比例降低，这类井组具有油层非均质强、物性差、开发效果差的特点；Ⅲ型注入井组，油层动用比例随注入压力升高而增加，动用均衡比例随注入压力升高先增加后降低，这类井油层厚度大、物性好、非均质强、开发效果好。

从统计结果来看，随注入压力升高动用厚度比例不断增加。注入压力是油层动用的重要影响因素。但除了注入压力外，油层动用还受油层物性、非均质性、注入体系黏度及匹配性和化学驱控制程度等多因素影响。为了屏蔽除注入压力外其他因素对油层动用的影响，得到注入压力与油层动用的关系，通过分段累加的方法统计了注入压力与剖面动用的

关系。通过注入压力分段，求取每段的注入压力和油层动用比例的平均值，通过多井平均消除其他因素影响，确定了注入压力与油层剖面动用比例呈线性正相关。

对于已动用的油层，由于化学剂在油层中并非活塞式推进，化学剂在非均质油层中的推进速度不同，这就造成了整个化学驱过程中不同条件的油层，驱替倍数不同。部分油层虽然被动用，但驱替倍数很低，影响了化学驱的开发效果。为了评价油层动用的均衡程度，引进了动用均衡程度的概念。动用均衡程度是指全井平均单位厚度吸水比例与各层吸水比例均方差的比值（式3-4），参数能够反映注入化学剂对全井油层驱替的均衡程度。影响动用均衡程度的除了注入压力外还受流度比及油层非均质的影响，为此采用了与动用厚度比例相同的分段累加法研究了注入压力与油层动用均衡程度的关系。从统计结果来看，随着化学剂注入对剖面的调整，剖面动用均衡程度随注入压力升高逐渐变好，当差层的注入阻力与好层达到相同时，剖面动用均衡程度达到最佳，之后随注入压力升高，剖面动用变差。

$$动用均衡程度 = \frac{\bar{p}_{吸水}}{\sqrt{\sum_{i=1}(p_{吸水_i} - \bar{p}_{吸水})^2/n}} \qquad (3-4)$$

油层动用与注入压力的关系受多种因素影响，但总体来看主要因素为油层本身、体系性能及其之间的匹配。为此选取反映油层性质的非均质（变异系数）和反映体系性能及其与油层匹配的流度（K/μ）开展研究。对北一断东40多口注入井将其划分为弱非均质（变异系数0.47~0.68）、中非均质（变异系数0.69~0.73）和强非均质（变异系数0.73~0.84）开展了研究。研究表明，随非均质增强，注入压力—动用比例关系斜率减小，注入压力—动用均衡程度拐点前移、最高值降低；而随流度变化，注入压力与油层动用关系比较复杂。

从注入压力与油层动用比例关系来看，弱非均质条件斜率先变缓之后逐渐变陡，且随流度增高后出现剖面反转；中非均质情况下，随流度升高斜率变缓，且剖面反转点向后移动；强非均质条件下，随压力升高斜率先增加后变缓（高流度后对强非均质油层剖面改善变差，基本不增加），且高流度后斜率减小，同时剖面反转点前移。

从注入压力与油层动用均衡程度来看，弱非均质条件随流度增加反转点前移；中非均质条件下，随流度增加反转点前移，最高值降低；强非均质条件下，反转点后移，最高值降低。

2. 剖面反转的机理

注化学剂初期，高渗透层推进快阻力系数增大，液量向低渗透层分流转移；高渗透层阻力达到最大后，这时注入压力并没有达到最高，低渗透层化学剂推进阻力增加后，注入液向高渗透层分流（即剖面反转），注入压力继续升高；高低渗透层分流与阻力系数变化达到平衡后，注入压力保持稳定。

通过机理分析，剖面反转是由于高渗透层先达到最大视阻力系数，低渗透层视阻力系数继续增大引起的液量再分配，这个过程注入压力继续上升。那么剖面反转的注入压力不是全过程最高注入压力，而是高渗透层突破的注入压力，即剖面反转注入压力。数值模拟表明，油墙突破前视阻力系数的增加与推进前缘指数正相关。

3. 剖面动用与开发效果的关系

通过统计试验区40口单井动用增加幅度与化学驱阶段采出程度的关系，总体来看，随油层动用厚度比例增加，化学驱阶段采出程度增加。随油层动用比例增加幅度的增加，化学驱阶段采出程度经历先缓慢增加到快速增加再到基本稳定的三个阶段。最初增加的动用厚度，主要为中高水洗油层，化学提高采出程度主要来自化学剂提高驱油效率的贡献；随着动用厚度的增加，低未水洗的厚度被动用，化学驱起到了扩大波及体积和提高驱油效率的双重作用，化学驱阶段采出程度随动用厚度增加速度加快；随着压力的进一步增加，渗透率较低的油层被动用，但由于物性较差，对化学驱阶段提高程度贡献不大。

为确定油层动用均衡程度对三元复合驱阶开发效果的影响，统计了单井平均（不同阶段）动用均衡程度与化学驱阶段采出程度的关系。从统计来看，随平均动用均衡程度增加，化学驱阶段采出程度增加幅度逐渐减小。

4. 不同注入阶段合理注入压力界限

注入压力存在快速上升、缓慢上升、微弱上升和基本稳定四个阶段，对应的油层动用阶段为油层启动阶段、剖面调整阶段、剖面反转阶段和剖面反转后阶段，反映在动态变化上为前聚的含水稳定阶段、三元段塞含水下降阶段、三元段塞含水稳定阶段和三元段塞含水回升阶段。

剖面反转是指注入化学剂剖面被有效调整差层吸液比例达到最大后，吸液比例开始下降的现象，根本原因是注化学剂后阻力系数动态变化所引起的分流特征变化。

1）前置聚合物阶段合理注入压力上升幅度确定

通过统计 3 个区块 128 个井组前聚阶段注入压力上升幅度占全过程的比例与井组化学驱阶段采出程度的关系，确定合理的上升幅度是全过程的 40% 左右。通过理想柱面推进和数值模拟两种方法计算前聚的推进距离占井距的比例，确定注入全过程不超破裂压力的最大压力上升幅度比例。前缘推进理想化为柱面推进，注入前置段塞 0.08PV，前缘推进距离是井距的 23%；通过建立单层 4 注 9 采数值模拟模型，注入前置段塞 0.08PV，聚合物前缘推进是井距的 37.5%。综合考虑了前置段塞黏度及油层平面非均质因素，前聚压力上升应不超过总升幅的 45%。考虑注入压力与不同非均质条件下的启动压力，注入压力要达到一定水平，所以前聚注入压力上升应不低于总升幅的 35%（图 3-15）。考虑井组非均质的差异，非均质越强前聚注入压力上升幅度比例越大。

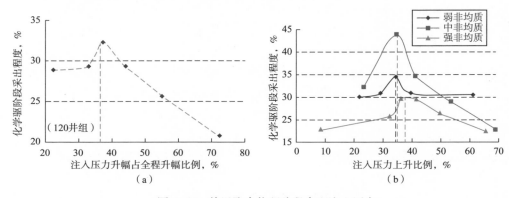

图 3-15　前置聚合物驱阶段合理注入压力

2）剖面反转时注入压力确定

从矿场统计来看，非均质越强、体系黏度越低剖面反转越早。注化学剂初期，高渗透层推进快阻力系数增大，液量向低渗透层分流转移；高渗透层阻力达到最大后，这时注入压力并没有达到最高，低渗透层化学剂推进阻力增加后，注入液向高渗透层分流（即剖面反转），注入压力继续升高；高低渗透层分流与阻力系数变化达到平衡后，注入压力保持稳定。

通过 3 区块 128 口单井统计剖面反转在 0.35~0.45PV，化学驱阶段采出程度越高，单位化学剂阶段采出程度越大（图 3-16）。非均质增强，合理剖面反转体积增大。剖面反转点的注入压力上升幅度可以表示为：

$$\Delta p_{反转点} = \Delta p \cdot \frac{RF_{高渗透}}{RF_{低渗透}} \qquad (3-5)$$

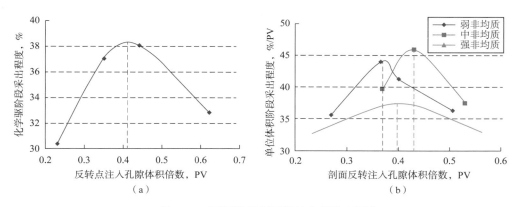

图 3-16 不同阶段剖面反转合理注入压力

剖面反转的注入孔隙体积倍数反映了化学驱过程中对剖面动用均衡程度的调整效果，剖面反转体积越大，油层动用均衡程度越好。但同时剖面反转反映的是高渗透层突破的注入压力，为使中低渗透层有效动用，就需要进一步升高注入压力，驱动中低渗透化学剂前缘向采出井推进，促进油井见效，综合考虑剖面反转应控制在 0.35~0.45PV。

3）全过程注入压力达到最好的合理时机

随注入压力升高，油层动用厚度比例增加，这就要求注入压力有较高的水平。但注入压力过早达到最高会造成后期注入困难，同时加重单层突进影响化学剂利用率，影响全过程开发效果。通过统计 3 区块 128 口单井达到最高压力时注入体积与化学驱阶段采出程度的关系，确定在注入化学剂 0.6~0.65PV 左右注入压力上升到最高，全过程化学驱阶段采出程度最高（图 3-17）。同时分析了不同非均质井组上升到最高注入压力的合理时机，统计来看非均质越强上升到最高的合理时机越早。

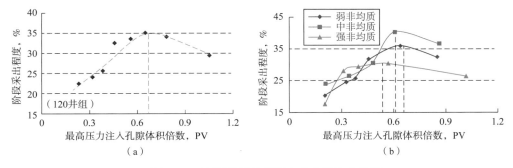

图 3-17 不同阶段最高压力点合理注入体积

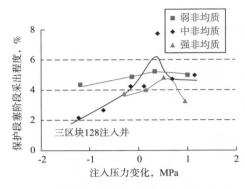

图 3-18　保护段塞阶段合理注入压力

4）保护段塞阶段合理注入压力确定

通过统计 3 区块 128 口单井保护段塞阶段注入压力变化与保护段塞阶段采出程度关系表明，保持压力不降，开发效果最好。通过剖面动用与注入压力的关系，只有保持注入压力不降，才能有效驱动中低渗透层，促进中低渗透层见效。从统计结果来看，非均质越强，合理注入压力上升幅度越大（图 3-18）。

三、分析地层压力与注采能力的关系，确定合理地层压力界限

地层压力是表征油层中压力场分布的特征值，油田中应用的地层压力是油井测试推算到的地层压力。外力所做的功将引起地层内液体能量的变化，这种变化将通过压力的变化来反映。因此从本质上说压力是用来表征油藏能量的一个物理量。地层压力是反映油藏能量，保证油田生产能力的重要指标。同时，随地层压力与饱和压力的关系，脱气是影响采油能力的重要因素。为此从地层压力变化特征和地层压力对注采能力的影响两个方面开展研究[37]。

1. 三元复合驱地层压力及注采能力变化规律

地层压力受注采比、油层特征、注采速度、流体特征等因素影响。复合驱全过程地层压力略有上升，注采压差逐渐增大。从试验区实际数据来看，在认为注采比与地层压力正相关的前提下，目前地层压力与注采比做比求归一地层压力（即注采比为 1 时的地层压力）。分析表明存在水驱注采比 1 时已不能达到原始地层压力；相同注采比条件下，化学驱地层压力高于水驱，主要原因是复合驱注入压力升高，提高了整个压力系统的水平；影响地层压力变化的因素需要进一步分析。

地层压力影响因素分析：注入压力、流压是影响地层压力的变化的直接因素；流压与地层压力正相关，且三元驱斜率大于空白水驱；注采比是影响地层压力变化的根本因素。无论是水驱还是三元复合驱地层压力都随累计注采比增加而升高；三元复合驱地层压力随累计注采比增加，上升速度比空白水驱快。

化学驱地层压力上升的原因。三元复合驱扩大波及体积，动用了差油层使地层压力升高。由于化学剂注入及含水降低，油井附近流动能力变差，产液指数大幅降低，使能量在油井附近油层积攒导致压力升高。相同注采比条件下三元复合驱地层压力比水驱高。地层压力是表征油层中压力场分布的特征值，油田中应用的地层压力是油井测试推算到的地层压力；三元驱过程注入压力大幅升高使压力场压力水平升高，相同注采比下三元复合驱地层压力比水驱高。

复合驱过程中伴随含水率下降注采能力也出现降低，保持高注采能力是复合驱试验取得好效果的重要因素之一。注采能力受油层特征及流体特性的影响，在整个复合驱过程中视吸水指数、产液指数大幅度（40%~50%）下降，与含水下降幅度共同决定了复合驱的开发效果。注采能力下降有两方面因素。一方面由于阻力系数增大，造成注采能力下降，这是化学驱的必然结果；另一方面，由于化学驱波及体积的增加，造成渗流系数降低，导致注采能力降低，这部分注采能力应尽可能降低。油层性质、注采速度及流体黏度也是影

响压力场分布的因素。

2. 地层压力与注入能力的关系

空白水驱、前置聚合物阶段随地层压力增加视吸水指数增加，三元主、副段塞阶段随地层压力增加视吸水指数降低。三元复合驱主段塞注入压力与地层压力正相关的区块，视吸水指数随地层压力升高降低。压力传导越快，能量向油藏深部转移越快，地层压力升高对注入能力的降低作用越小。也就是说，注入压力升幅与注入地层压力变化越接近，视吸水指数降幅越小。

3. 地层压力与采液（油）能力的关系及影响因素

存在合理地饱压差（0~1MPa），使产液、产油指数最大（图 3-19）；存在一定的气体饱和度有利于提高采收率，当气体饱和度小于 5% 时，气泡呈束缚状态，不形成连续相，气泡有膨胀驱油的作用，有助于驱出小孔道中的石油，这时的压力水平约低于饱和压力 15%。

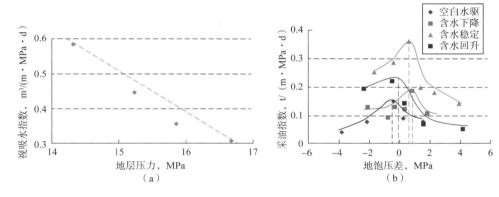

图 3-19　地层压力对注采能力的影响

合理地饱压差受含水变化的影响。随含水降低油量增加，为保证脱出气体小于形成连续相界限，脱气比例降低，保持最高产液能力的合理地饱压差升高。

从三元不同阶段地层压力与阶段采出程度的关系来看，保证复合驱开发效果的三元段塞合理地饱压差为 0~1MPa；要保证三元段塞阶段一定的压力水平，确保产液能力；防止能量在油层积攒地层压力大幅上升，保证合理的产液能力。

从不同阶段的合理地饱压差来看，不同阶段的合理地饱压差与最优产液指数地饱压差变化规律相同。三元段塞含水下降阶段、稳定阶段到回升阶段，合理地饱压差逐渐降低，也就是说三元复合驱末期地层压力得到充分释放可获得最佳开发效果。

4. 地层压力与阶段采出程度的关系

综合考虑地层压力与注采能力关系、地层压力对产液量的影响、地层压力对原油脱气的影响，确定合理地层压力为保持地饱压差 0~1MPa（图 3-20）。要保证三元段塞阶段一定的压力水

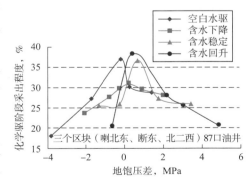

图 3-20　不同阶段地层压力与阶段采出程度的关系

平，确保产液能力，防止能量在油层积攒地层压力大幅上升，保证合理的产液能力。

5. 压力场分布特征对三元复合驱开发效果的影响

开展了 $60cm \times 60cm \times 4.5cm$ 三层层内非均质平板物理模拟，模型设置 1 注 1 采 20 个压力监测点。从物模研究对比来看，井间压力梯度分布越均衡，可以更好地动用井间油藏中部剩余油改善三元复合驱开发效果（图 3-21）。通过统计三元复合驱不同阶段井间油藏深部压力变化也表明，增加井间油藏深部压力梯度，可以改善三元复合驱效果。通过对比北二西、北一断东及喇北东注入端地层压力与采出端地层压力之差的变化可以看出，差值越大说明油藏深度的压力梯度越高，对应的复合驱提高采收率越高（表 3-4）。

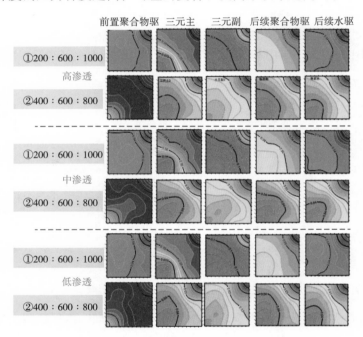

图 3-21　不同条件压力场分布对比

表 3-4　物模实验效果对比

实验编号	渗透率 mD	黏度 mPa·s	采收率，%		
			水驱	三元驱	提高
①	200:600:1000	40	39.50	58.10	18.60
②	400:600:800	40	41.60	65.07	23.47

四、流压与开发效果的关系及合理流压界限

流压是指油井正常生产时测得的油层中部压力，它表示流体从地层流到井底后剩余的压力，流压可表示为：

$$p_{流} = p_{套} + 0.0098 \left(H_{中} - H_{动} \right) \sigma \tag{3-6}$$

从式（3-6）反映的影响流压的直接因素来看，流压高低主要受套压、动液面以及井筒液柱密度的影响。

1. 流压的影响因素及与地层压力的关系

流压实际是油层供液能力与地面采液能力综合作用的结果，反映了油藏的剩余能量。从油藏角度来看，流压主要决定于油层的供液能力，它是多层供液能力按流动系数加权的结果。油层的供液能力受供液半径、地层能量（地层压力）及油层的流动能力综合影响。地层能量受注入的影响，流动能力受油层条件的影响。总的来看，影响流压水平的根本因素是注入水平（外因）和油层条件（内因）两个因素。

从区块全过程流随化学剂注入、含水下降，流体流动能力变差，油井供液能力下降，流压水平降低，之后，随着含水回升和化学剂突破后被采出，油层流体流动性又逐渐变好，流压逐渐上升。从统计和理论分析来看，无论是水驱还是三元复合驱流压与地层压力呈正相关。流压与地层压力的关系受油层的流动能力和流量的影响。从空白水驱和三元复合驱流压与地层压力关系来看，由于三元复合驱流动能力变差，斜率明显增大。也就是说，相同流压水平下，三元复合驱生产压差大于空白水驱生产压差。

2. 不同阶段产液、产剂变化特征及影响因素

空白水驱阶段、三元复合驱阶段生产压差与日产液量均为正相关关系，但受采液指数变化的影响，空白水驱单位压差的液量增加幅度大于三元驱阶段。产液受渗流能力和生产压差两方面因素影响，随化学剂注入及含水下降，采液能力下降，使产液量下降。一方面由于产液能力的下降会使地层压力升高，另一方面为了维持产液水平会降低流压，从而扩大了生产压差来提高产液量。两者相互作用，三元复合驱过程中采液量保持基本稳定或逐渐下降。

空白水驱阶段随流压降低，单位地层系数产液量先逐渐增加，降到一定流压水平，单位产液量出现拐点，拐点由饱和压力与流压的关系确定，继续降低流压单位产液量降低。三元段塞含水稳定阶段，随流压降低产液量增加且曲线呈下凹状，下凹幅度受流体黏度影响，流体黏度越大下凹幅度越大。不同阶段产液量随流压的变化特征不同，主要原因是由于油藏中流体发生了变化，流压与地层压力关系发生了变化（同一流压生产压差不同），影响流体渗流的主控因素发生了变化。空白水驱阶段流体黏度低，随流压降低油层脱气增加后使液相流动能力下降，降低流压所增加的压差不能弥补脱气影响液相渗流时，流压与产液量的关系出现拐点；三元段塞含水稳定阶段降低单位流压增加的生产压差比空白水驱大，同时由于油藏流体黏度增加使影响液相流动的主要因素是流体黏度，气相对液相渗流的影响相比较空白水驱效果减弱，所以三元段塞含水稳定阶段随流压增加单位产液量增加，没有出现拐点。

空白水驱阶段，油井 IPR 曲线不仅是分析油井动态的基础，也是制定油井工作制度的依据。水驱利用 $K_{ro}/(\mu_o B_o)$ 与压力的函数关系建立了饱和油藏和未饱和油藏流入动态方程及其通式，若后将油相拟稳态流动方程与油相和液相相对流动能力方程相结合，建立了描述具有最大产量点的流入动态曲线的新型流入动态方程。

化学驱阶段，研究流变参数发生变化的三元复合驱地层流体的油井流入动态关系，在用黏弹性流体本构模型描述三元复合驱地层流体流变特性的基础上，建立了三元复合驱地层流体在地层中渗流的基本微分方程，采用有限差分法对其进行了数值求解，并用拉格朗日插值法对产能进行预测，分析了流体的流变参数对产能的影响。

三元体系在地下运移过程中，聚合物、碱、表面活性剂发生色谱分离，到达采出端时，所用时间不同，采出化学剂的相对浓度也不同。色谱分离程度主要受以下几个方面因

素控制：竞争吸附、离子交换、液—液分配、多路径运移、滞留损失，色谱分离是每种化学剂由以上一种或几种因素作用的结果。

工业性试验区采剂情况与先导性试验区类似。聚合物最先采出，相对采出浓度最大；表面活性剂吸附滞留最大，相对采出量最少，突破最晚；由于化学反应，碱在储层中的消耗量也较大，相对采出浓度也较低。见聚时间从注前置聚合物段塞开始计算，见表面活性剂和见碱时间从注三元体系开始计算。

采剂变化特征是复合驱驱替油藏动态特征的反映，见剂时机、采剂浓度及其上升速度之间反映了化学剂的均衡程度。初期见剂浓度越低，含水下降速度越快。

3. 流压对三元复合驱开发效果的影响

1）前置聚合物阶段流压对开发效果的影响

三元复合驱过程中前置聚合物段塞的作用是调整剖面吸水状况、改善层间吸水差异，从而改善复合驱效果。从 3 个复合驱试验区 80 多口单井统计来看，前置聚合物阶段流压大于 4MPa 后对复合驱开发效果影响不大；小于 4MPa 时，流压水平越低，化学驱阶段采出程度越低。将单井分弱非均质（0.15~0.6 → 0.46）、中非均质（0.6~0.8 → 0.71）和强非均质（0.8~0.92 → 0.83）三类研究前置聚合物段塞流压与化学驱阶段采出程度的关系表明，随非均质增强合理流压界限降低。

从数模对比分析来看，随着前置聚合物阶段流压增加层间分流差异减小；非均质越强，增加前置聚合物段塞流压对剖面的改善作用越弱。前置聚合物阶段流压对复合驱开发的影响体现在两个方面。一个是流压小于 5MPa 时随流压降低，三元复合驱产液下降幅度增加；另一方面是随着前置聚合物阶段流压增加，对剖面非均质的调整减弱。综合两个方面影响，前置聚合物阶段合理流压应保持在 4~5MPa（图 3-22）。

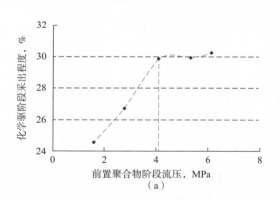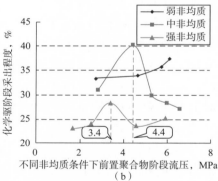

图 3-22 前置聚合物阶段合理流压

2）三元段塞含水下降阶段流压对开发效果的影响

三元复合驱三元段塞含水下降阶段的主要作用是降低含水，为此开展了含水降低幅度与流压关系的研究。通过统计单井含水下降阶段流压与含水下降幅度的关系，流压保持在 2.5~3.5MPa 含水下降幅度最大。针对不同油层非均质特点统计分析表明，非均质弱时三元段塞含水下降阶段合理流压较低，非均质越强，合理流压越高，且从统计看中等油层非均质单井含水下降幅度最大。从流入动态曲线（IPR）及数值模拟来看，合理的流压有利于动用差层、增大差层分流量，从而增加含水下降幅度（图 3-23）。

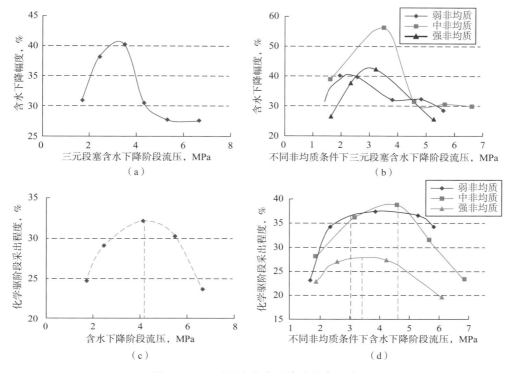

图 3-23 三元段塞含水下降阶段合理流压

从数模分析来看，产液均衡程度随流压升高而降低。

3）三元段塞含水稳定阶段流压对开发效果的影响

三元段塞含水稳定阶段保持合理流压使产油能力最佳是保证效果的重要条件。从统计来看，三元段塞含水稳定阶段采油指数最佳的流压与油层饱和压力有关且为正相关关系。从单井流压与开发效果的统计来看，三元复合驱稳定阶段合理流压受饱和压力、含水等条件影响。总体来看，三元复合驱稳定阶段合理流压应控制在 2~3.5MPa 之间；三元复合驱稳定阶段合理流压阶段含水级别越高，合理流压越高，不同含水级别的流压范围为2~5MPa。含水小于 70% 时，合理流压为 2MPa；含水为 70%~90% 时合理流压应控制在3~4MPa。含水大于 90% 时，合理流压应控制在 4~5MPa（图 3-24）。

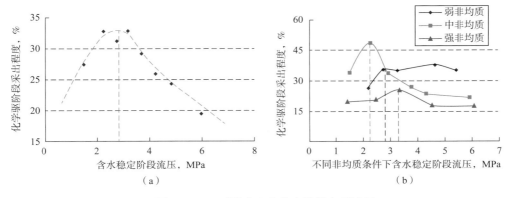

图 3-24 三元段塞含水稳定阶段合理流压

4）三元段塞含水回升阶段流压对开发效果的影响

三元段塞含水回升阶段含水回升速度是影响三元复合驱开发效果的重要指标。通过统计区块三元段塞含水回升阶段流压与含水回升速度的关系，确定了三元段塞含水回升阶段合理流压为 3.5~4.5MPa。从不同非均质条件的含水回升阶段流压与含水回升速度的关系来看，弱非均质条件下合理流压最高为 4MPa 左右；中非均质条件下合理流压最低为 2.5MPa 左右；而强非均质条件下合理流压为 3.5MPa（图 3-25）。

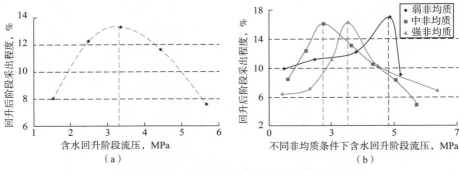

图 3-25　三元段塞含水回升阶段合理流压

5）保护段塞流压对开发效果的影响

保护段塞的主要作用是防止化学剂过早突破，延缓含水上升，进一步提高采收率。保护段塞采聚浓度受注入体系浓度黏度、化学剂段塞大小、注采速度、油层物性非均质等多因素影响。从保护段塞流压与采聚浓度关系来看，北二西、北一断东试验区随保护段塞流压升高，采聚浓度降低；而喇北东区块采聚浓度随流压升高先降低后升高，最低点出现在 4MPa 左右。从保护段塞流压与保护段塞阶段采出程度来看，保护段塞流压在 4MPa 左右时保护段塞阶段采出程度提高幅度最大（图 3-26）。

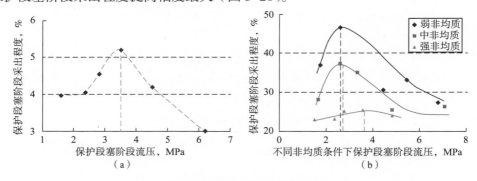

图 3-26　保护段塞阶段合理流压

第三节　三元复合驱开发效果评价技术

一、复合驱开发效果

1. 三元复合驱油层动用状况明显改善

在三元复合驱注入过程中，随着注入压力的上升，油层动用比例升高，一般在主段塞阶段达到最高，副段塞阶段由于剖面返转动用比例略有下降。三元复合驱阶段油层动用厚度比例比空白水驱阶段增加 12.2~27.3 个百分点，达到 85% 以上，高于相近地质条件的聚合物驱 20 个百分点左右。与聚合物驱不同的是，三元复合驱有效动用了薄差层，低于 0.2D 油层的动用厚度比例达到 76%~92%，比聚合物驱高 24 个百分点以上。这主要是由于三元体系内聚合物分子回旋半径相对较低，易于注入，同时三元体系降低了油水界面张力，使三元体系更易进入较低渗透层和较小孔隙中[38]。至主段塞末期（0.4PV）以后，注入剖面开始返转，高渗透段相对吸水量增加，低渗透段相对吸水量降低，但仍然好于水驱阶段，剖面返转后，含水回升。

2. 三元复合驱提高了驱油效率

三元复合驱提高采收率的机理是既可以扩大波及体积又可以提高驱油效率。三元复合驱矿场试验的动态反应证明了这一点，扩大波及体积的作用已在前面油层动用程度中论述，提高驱油效率主要表现在以下两个方面。

一是采出原油重质组分增加，说明残余油得到了动用。以北一区断东为例，在主段塞注入阶段的 2008 年 2 月，采出原油中重质组分（C_{16}—C_{18}）为 51.9%，到副段塞阶段的 2009 年 11 月，采出原油中重质组分增加到了 63.7%（图 3-27）。

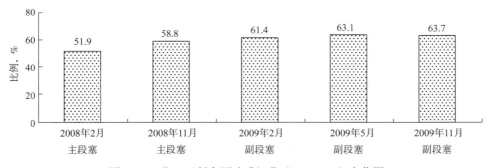

图 3-27 北一区断东原油重组分（C16-C38）变化图

二是三元复合驱后取心井岩样的驱油效率明显提高。从驱油效果统计结果看（表 3-5），含油饱和度下降 12.5%~17.7%，采出程度提高 17 个百分点以上，驱油效率提高 18 个百分点以上，注采主流线中部驱替效果好于采出端，其中复合驱前未水洗段提高幅度最大。

表 3-5 三元复合驱前后密闭取心井驱油效果对比表

项目		井号	目的层	含油饱和度，%		采出程度，%		驱油效率提高值，百分点	取心位置
喇嘛甸	前	喇 9-JPS2604	萨Ⅲ 4-10	50.6	−17.4	39.8	17.3	20.0	注采井
（强）	后	喇 9-J2600	萨Ⅲ 4-10	33.2		57.1			中部
萨北	前	北 2-361- 检 E68	萨Ⅱ 10-12	57.3	−17.7	27.5	23.1	18.9	注采井
（弱）	后	北 2- 丁 5- 检更 39	萨Ⅱ 10-12	39.6		50.6			中部
萨中	前	北 1-55- 检 E66	萨Ⅱ 3-9	59.8	−12.5	24.5	17.4	18.3	采出端
（强）	后	北 1-55- 检 E066	萨Ⅱ 3-9	47.3		41.9			

3. 三元复合驱可提高采收率 18 个百分点以上，是聚合物驱的 2 倍左右

三元复合驱工业性矿场试验均已取得了较好的开发效果，与相近地质条件的聚合物驱相比，相同注入孔隙体积倍数条件下，三元复合驱提高采收率是聚合物驱的 2 倍左右。南五区、北一区断东、喇北东、北二西在相同注入孔隙体积倍数条件下，阶段提高采收率分别是聚合物驱的 3.0 倍、2.0 倍、2.1 倍、2.1 倍（图 3–28）。相同聚合物用量条件下对比，三元复合驱提高采收率同样明显高于聚合物驱，是聚合物驱的 1.7~2.4 倍（图 3–29）。

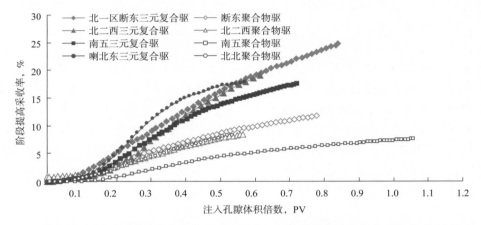

图 3–28　相同注入孔隙体积倍数下三元复合驱与聚合物驱阶段提高采收率对比图

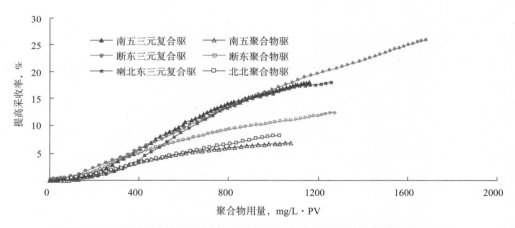

图 3–29　相同聚合物用量下三元复合驱与聚合物驱阶段提高采收率对比图

二、复合驱开发效果评价方法

油田开发效果评价贯穿着油田整个开发历程，开展三元复合驱开发效果评价方法研究的目的在于确定一套完整而科学的油田三元复合驱开发效果评价指标体系和评价方法，以便及时有效地对油田三元复合驱开发效果和挖潜措施效果作出客观、科学的综合性评价，在此基础上提出进一步的挖潜措施，达到高效合理开发油田的目的[39]。

1. 数值模拟方法

油藏数值模拟方法的主要原理是运用偏微分方程组描述油藏开采状态，通过计算机数

值求解得到开发指标变化。这种方法不仅机理明确，而且是最方便、最节约运行成本的一种方法，既可通过模拟不同地质状态来评价开发效果，也可根据油田开发实际中的问题设计模拟状态，然后评价开发效果。

2. 特征点预测法

在矿场动态统计和物理模拟、数值模拟的基础上，通过驱替机理推导和影响因素的敏感性分析，建立了适合大庆油田的三元复合驱注采能力变化的预测方法和含水变化预测的系列图版。

1）影响因素及预测关键点确定

通过对复合驱动态统计分析和模拟研究确定了复合驱开采指标变化的主要影响因素，包括与地质开发相关的渗透率、渗透率变异系数、控制程度、井网、初含水，与方案设计相关的界面张力、体系黏度、注入程序、段塞大小。结合大庆油田已开展的复合驱井网和层系组合原则及方案设计思想[32]，忽略了井网的影响，并假设全程注入体系黏度一致、三元体系主副段塞界面张力一致。依托方案段塞设计和含水变化特征，确定了指标随注入体积变化的 6 个关键点，包括初始、受效（以下降 1% 为限）、最低、转聚、转水、结束点（含水 98%）。采用 6 个关键点控制含水变化，采用初始、转聚、结束 3 个关键点控制注采能力变化（图 3-30）。

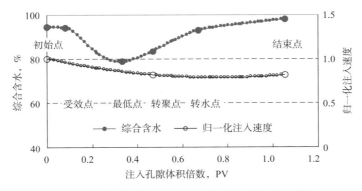

图 3-30　复合驱指标变化特征及预测关键点示意图

2）注采能力预测方法的建立

基于注采平衡的原则从注入量的变化出发，建立产液量变化预测方法。对于五点法井网年注入速度可以写成如下：

$$v_i = \frac{360 q_i}{2r^2 h \phi} = \frac{180 J_i p_i}{r^2 \phi} \tag{3-7}$$

将水驱（下标 w）和化学驱（下标 c）的式（3-7）比，并引申定义 $R_f' = J_w/J_c$ 为吸水指数下降，则可得到化学驱后的注入速度：

$$v_{ci} = v_{wi} \frac{1}{R_f'} \cdot \frac{h_c}{h_w} \cdot \frac{p_{ci}}{p_{wi}} \tag{3-8}$$

式中　v_i——注入速度，PV/a；

　　　q_i——注入量，m^3/d；

　　　r——注采井距，m；

h——油层厚度，m；

ϕ——孔隙度，%；

J_i——单位厚度视吸水指数，$m^3/(MPa \cdot d \cdot m)$；

p_i——注入压力，MPa。

从式（3-8）可以看出，化学驱后的注入速度与初始注入速度、吸水指数下降、压力变化、吸水厚度等多种因素相关。

通过室内驱油实验研究，明确了复合驱吸水指数下降 R_f' 与岩心有效渗透率 K 及驱替体系黏度比 μ_c/μ_o 的量化统计关系（表 3-6），应用式（3-9）可以得到不同渗透率和黏度比下的复合驱最大吸水指数下降，矿场有条件的也可以通过相邻区块的 HALL 曲线获得该参数：

$$R_f' = R_{f0}'\left(1 + a\frac{\mu_c}{\mu_o} \cdot K^{-b}\right) \qquad (3-9)$$

式中 R_{f0}'——黏度等于水相黏度时吸水指数下降，可取 1；

K——有效渗透率，mD；

μ_c，μ_o——化学体系和油黏度（取地下），$mPa \cdot s$；

α，b——待定参数分别取 19.57、0.54。

表 3-6 岩心驱油实验的吸水指数下降

气测渗透率 mD	原油黏度 mPa·s	复合体系黏度 mPa·s	水驱压力 MPa	复合驱最大压力 MPa	吸水指数下降
300	10	20	0.27	1.22	4.52
500	10	20	0.39	1.13	2.90
800	10	20	0.2	0.58	2.90
1200	10	20	0.15	0.39	2.60
1700	10	20	0.05	0.11	2.20
300	10	40	0.18	1.13	6.28
500	10	40	0.21	0.97	4.62
800	10	40	0.27	1.12	4.15
1000	10	40	0.19	0.73	3.84
1200	10	40	0.13	0.44	3.38
1500	10	40	0.1	0.29	2.90

注：碱为 NaOH；表面活性剂为烷基苯磺酸盐；聚合物为 2500×10^4 分子量。

矿场动态表明当化学剂注入后续聚段塞阶段，注入压力基本不再增大，注入速度也不再下降，甚至后期会产生一定程度的回升。因此得到化学驱速度低值后，在初始点至转聚点间可建立注入速度随体积的变化关系，如果求得的速度不低于初始速度时常采用定液预测；当最低速度小于初始速度时，采用指数、幂函数递减预测，递减方式可参考相近区块类比。确定注入速度随体积变化关系后，可进一步推导得到注入体积及时间的关系（速度 $v = \dfrac{dV}{dt}$ 是注入体积随时间变化的导数，对其变形后积分）。

注入量恒定（定液）：

$$v = C \qquad\qquad （3-10）$$

注入量指数递减时：

$$v = a \cdot e^{(-b \cdot V)} \qquad\qquad （3-11）$$

注入量幂函数递减时：

$$v = a \cdot V^{-b} \qquad\qquad （3-12）$$

式中　v——注入速度，PV/m；

　　　V——注入体积，PV；

　　　t——注入时间，m；

　　　a, b——特定常数；

　　　C——定液预测的速度，PV/m。

由注入速度和区块孔隙体积计算得到注入量，考虑注采平衡再结合注采比可预测产液量的变化。

$$L_p = \frac{1}{PIR} \cdot L_i \qquad\qquad （3-13）$$

式中　L_p——累计产液量，t；

　　　L_i——累计注入量，m³；

　　　PIR——取井网分布计算的理想注采比或水驱时统计的注采比，%。

3. 含水变化预测图版的建立

大庆油田部分已开展的区块方案设计、实施情况及预测设计的注入程序见表3-7，以化学剂总段塞0.70PV（0.35PV三元主段塞+0.15PV三元副段塞+0.20PV聚合物段塞、三元主、副段塞界面张力为 10^{-3} mN/m、地下油水黏度比为2）方案的含水变化为基础，通过对影响因素模拟的敏感分析，分层次修正含水变化形态。

表3-7　复合驱矿场实施及指标预测的方案注入段塞设计

区块	总注入体积 PV	前置聚合物体积，PV	三元主段塞体积 PV	三元副段塞体积 PV	后续聚合物体积，PV	聚合物体积比 %	备注
NWQ	0.688	0.038	0.300	0.150	0.200	34.55	设计
	0.934	0.062	0.330	0.315	0.228	31.00	实施
LBD	0.725	0.075	0.300	0.150	0.200	37.93	设计
	0.864	0.082	0.363	0.181	0.238	37.04	实施
预测	0.600		0.30	0.10	0.20	33.33	前置聚合物计入三元体积
	0.700		0.35	0.15	0.20	28.57	
	0.800		0.35	0.20	0.25	31.25	
	0.900		0.40	0.25	0.25	27.78	
	1.000		0.40	0.30	0.30	30.00	

首先以动态的初始含水（92%、94%、96%、98%四水平）为线，考虑静态的油层纵向非均质性（0.4、0.5、0.6、0.7、0.8五条件）、化学驱控制程度（60%、70%、80%、90%、100%五条件）两个因素，组合确定了100条含水变化关键点的基础数值；其次，

依据体系配方的界面张力（10^{-1}mN/m、10^{-2}mN/m、10^{-3}mN/m、10^{-4}mN/m 四条件）和油水黏度比（1.0、2.0、3.0、4.0 四条件）两个因素，给出不同初始含水条件下关键点的一次修正系数；再次，考虑化学剂注入体积（0.6PV、0.7PV、0.8PV、0.9PV、1.0PV 五条件）对上述修正后关键点的影响，给出曲线形态后期关键点的二次修正系数；最后，对两次修正后的最终关键点，应用贝塞尔函数内插计算得到任意点的含水值。

上述考虑的影响因素基本涵盖了矿场不同地质条件和方案实施情况（非图版条件通过插值获得），解决了多种因素影响含水变化带来的不确定性，能满足复合驱含水变化预测的需求。

4. 其他相关指标预测

由注入速度结合已知的孔隙体积和注入方案设计还可以计算出各段塞化学剂的用量，再通过采液量和含水及地质储量可以求得采油量，阶段采出程度等相关指标。

三、复合驱经济效益评价方法

目前，国际石油公司还没有推广三元复合驱技术，相应的经济评价研究也少见。在进行三元复合驱项目经济评价时，采用的是通用的评价方式。国内的复合驱项目经济评价方法为规范的现金流量动态经济评价方法。评价方法包括有无对比法和增量评价法两种方法。但是在经济评价实施阶段，多数评价没有区分阶段产出和增量产出，没有对化学驱进行过全过程的经济效益论证。而且三元复合驱以其技术效果、油层条件、管理规范等多方面的不确定性，导致仅采用常规经济评价方法无法准确评价复合驱项目的经济效益。为了实现合理开发，获得最佳的经济效益，还有待于对三元复合驱潜力区块进行优选，对比水驱、聚合物驱和三元复合驱开发效益的差别，确定水驱转注化学驱的经济开发时机，完善三种驱替方式的经济评价模式[40]。

（1）研究复合驱成本特点，创新建立复合驱操作成本预测方法。

三元复合驱生产成本包括操作成本、化学药剂摊销和固定资产折旧折耗。其中，操作成本包括材料费、燃料费、水费、电费、员工费用、井下作业费、测井试井费、维护修理费、其他支出。从各项构成看，化学剂费用约占生产成本28.5%，其中表面活性剂占比最大；固定资产折旧约占生产成本34.3%，钻建投资中地面投资占比最大；操作成本约占生产成本37.2%，操作成本中材料、员工、电费及井下作业费占比较大。

①依托常规预测方法，以成本项目为因素建立类比修正现有操作成本预测方法。

已有经济评价软件中固化了常规操作成本预测方法。在实际工作中，由于没有对应的复合驱成本参数[22]，采用全厂数据替代后得到的预测值与实际相差较大。已完成注剂复合驱区块较少，单独用某个块和全厂平均的差值确定修正系数，进行复合驱操作成本预测不具有代表性。因此，选取已结束6个区块成本参数与全厂平均参数的比值，作为修正参数的样本点。将6个典型区块与全厂的各项成本费用之比作为样本点，应用最小距离公式［式（3-14）］，从不同均值函数测得的距离中选取距离最小的函数作为成本费用定额的修正系数公式，将该公式测得的系数作为修正系数（表3-8）。

$$d_{min} = \sqrt{(x_1 - \bar{x})^2 + (x_2 - \bar{x})^2 + \cdots + (x_6 - \bar{x})^2} \quad (3-14)$$

式中　d_{min}——欧式距离；

x_1，x_2，…——样本点参数；

$\bar{x}$——样本点参数平均值。

表 3-8 确定与操作成本相关性密切程度

关系	具体指标
密切相关	采油速度、注剂时含水、乳化井数比、检泵率、单井控制地质储量
部分相关	井网密度、注入速度、碱浓度、聚合物分子量
相关较小	职工人数、油价、CPI、结垢期、注入系统黏损率

②应用统计分析建立多因素分阶段操作成本预测方法。

根据现行成本核算方法，结合复合驱开发规律和生产特点，通过经验分析，初步得出影响操作成本 3 类 30 余项因素。然后应用复相关分析等方法筛选出 14 项相关因素。

应用灰色关联分析方法确定 14 项影响因素与操作成本的关联程度，得出关联度大于 0.85 的 5 项因素为密切相关因素（表 3-8）。5 项指标与操作成本关系的数据拟合分析显示，这些指标与操作成本的拟合关系较好，作为操作成本预测自变量。

以这五个指标为预测自变量，选取数据组合处理方法（图 3-31），建立预测公式，区块操作成本的预测符合率达 90%。该方法用于把握全过程不同阶段的成本趋势和研究规律特点。

$$\text{一层}\begin{cases} y_1{}' = a_1{}' + b_1{}' NR + c_1{}' m_t + d_1{}' NR \times m_t + e_1{}' NR^2 + f_1 m_t^2 \\ y_2{}' = a_2{}' + b_2{}' v_t + c_2{}' NR + d_2{}' NR \times v_t + e_2{}' v_t^2 + f_2 NR^2 \\ \cdots\cdots \end{cases}$$

$$\downarrow$$

$$\text{二层}\begin{cases} y_1{}'' = a_1{}'' + b_1{}'' y_1{}' + c_1{}'' y_2{}' + d_1{}'' y_1{}' y_2{}' + e_1{}'' y_1{}'{}^2 + f_1{}'' y_2{}'{}^2 \\ \cdots\cdots \end{cases}$$

$$\downarrow$$

$$\text{三层}\begin{cases} y_1{}''' = a_1{}''' + b_1{}''' y_1{}'' + c_1{}''' y_2{}'' + d_1{}''' y_1{}'' y_2{}'' + e_1{}''' y_1{}''{}^2 + f_1{}''' y_2{}''{}^2 \\ \cdots\cdots \end{cases}$$

图 3-31 数据组合处理方法优化过程

数据组合处理方法是通过将复杂的函数关系，由任意两变量构成二元二次完全多项式函数"部分实现"，然后选择准则集，淘汰出最优复杂度模型的方法。它最后的优化模型（各项指标均为均值化无量纲值）：

$$y = a + by_1''' + cy_2''' + dy_1''' y_3''' + ey_1'''{}^2 + fy_2''' \tag{3-15}$$

式中 y'，y''，y'''——多项式逼近函数；

a，b，c，d，e，f——多项式系数；

NR——单井控制地质储量，10^4t；

f_w——注剂时含水，%；

m_t——第 t 年检泵率，%；

v_t——第 t 年采油速度，%；

r_t——第 t 年乳化井数比例；

y——单位操作成本。

（2）创新两种经济评价方法，形成分层次经济评价模式。

三元复合驱属于高投入、高成本、高风险的油田开发产能评价项目，在不同阶段和不同决策目标下需要采用不同的评价方法、评价指标和策略。对于已进入的三元复合驱项目，可采用增量效益与费用评价方法，开展投资决策时机分析，设定项目"止损"原则；对于拟进入的项目，则应加强情景分析研究并重视效益趋势跟踪的分析。目前油价下，常规评价85%以上的区块无法达到评价标准；根据三元复合驱可为油田带来综合效益和战略价值的效益特点，遵循"全过程、全成本、全要素"精细评价模式，建立适应不同层次、不同阶段目标和需求的经济评价方法。

①项目纯效益评价。

项目纯效益评价是从项目自身角度出发，测算项目的盈利能力。三元复合驱与原井网继续水驱对比，由于三元复合驱与纯水驱开发相比提高了油田的采收率，缩短了开发时间，加速了资金的回流，据折现现金流原理，建立了纯增量三元复合驱经济效益评价模型，确定三元复合驱有实施潜力的项目，评价考核指标是项目财务净现值大于零。

$$NPV_1 = \sum_{t=1}^{n} \frac{S_t + L_t + SR_t}{(1 + i_c)^t} - \sum_{t=1}^{n} \frac{C_t + T_t + T_2 + TZ_t + \omega_t P_J}{(1 + i_c)^t} \qquad (3-16)$$

式中　NPV_1——项目财务净现值，万元；

　　　S_t——第 t 年销售收入，万元；

　　　L_t——第 t 年回收流动资金，万元；

　　　SR_t——第 t 年其他收入，万元；

　　　i_c——基准收益率，%；

　　　C_t——第 t 年经营成本费用，万元；

　　　T_t——第 t 年销售税金及附加，万元；

　　　T_2——第 t 年所得税，万元；

　　　TZ——第 t 年投资，万元；

　　　ω_t——药剂用量，t；

　　　P_J——药剂价格，万元/t。

②项目综合效益评价。

按照评价从整体考虑，同时结合复合驱开发特点，建立综合效益多套整体评价方法。

复合驱采取一套井网多次开发利用，为科学评价复合驱综合效益，应采用多套层系整体评价。而按照现有方法，复合驱的成本费用是按平均指标分摊得到。从公司整体角度考虑，一方面复合驱的投产摊薄了公司和厂矿的管理费用以及人工成本等；另一方面，由于所得税的上缴为公司整体有效才发生，宜采用税前指标考核。

$$\Delta NPV_2 = \sum_{t=1}^{n} \frac{S_t + L_t + SR_t}{(1 + i_c)^t} - \sum_{t=1}^{n} \frac{C_t - \alpha \cdot RG_t - \beta \cdot (CK_t + GF_t) - \delta \cdot QF_t + T_t + T_2 + TZ_t + \omega_t P_J}{(1 + i_c)^t}$$

$$(3-17)$$

式中　ΔNPV_2——综合效益项目财务净现值，万元；

　　　α——人工成本摊薄系数；

　　　RG_t——第 t 年人工成本，万元；

　　　β——厂矿管理费及管理费用摊薄系数；

CK_t——第 t 年厂矿管理费，万元；

GF_t——第 t 年其他管理费用，万元。

③项目战略效益评价。

从长远角度、战略考虑，油价、储量和技术等具有不确定性，而这些不确定性因素的变化会带来相应的价值变化。期权价值模型由项目价值和期权价值组成，其判断标准是考虑期权综合效益大于零。

从长远发展来看，由于油价的不确定性和复合驱技术的发展等因素变化，复合驱效益将发生大的变化。应通过考虑未来油价的变化和技术发展趋势所产生的决策权利（期权），引入期权价值体现不确定性因素带来的价值，建立考虑期权价值的战略效益评价模型：

$$\Delta NPVN = \Delta NPV_2 + C \qquad (3-18)$$

其中，$C = S \times N(d_1) - K \times e^{-rt} \times N(d_2)$ 。

$$d_1 = \frac{\log(S/K) + rT + \sigma^2 T/2}{\sigma\sqrt{T}}, d_2 = \frac{\log(S/K) + rT - \sigma^2 T/2}{\sigma\sqrt{T}}$$

式中　$\Delta NPVN$——战略效益项目财务净现值，万元；

C——期权价值，万元；

S——标的资产的当前价格，万元；

$N(d_1)$——标准正态分布的累计概率分布函数；

K——期权执行价格，万元；

$N(d_2)$——标准正态分布的累计概率分布函数；

r——无风险复合利率；

σ——价格波动率，即年复合报酬率方差；

T——期权的到期日期，a。

第四章 三元复合驱矿场试验及工业化进展

为了研究不同油层条件、不同井网井距强碱复合驱和弱碱复合驱的开发效果和动态变化规律，从 2000 年开始先后开展了 4 个工业性矿场试验，四个工业性示范区，随着三元复合驱油藏、采油、地面三大工程技术的逐步配套，并在示范区取得一定效果的基础上，2014 年开始工业化推广，截至 2020 年底，工业化推广 32 个区块，动用地质储量 2.57×10^8t，累计产油 3758.6×10^4t，成为大庆油田新的产量增长点和持续发展的重要技术支撑。

第一节 北一区断东二类油层强碱体系三元复合驱矿场试验

为了研究二类油层三元复合驱油效果及配套技术的适应性，2005 年，在北一区断东开展了二类油层强碱三元复合驱工业性矿场试验。经过 7 年的矿场试验研究，取得了较好的效果，试验区中心井阶段提高采收率 26.18 个百分点，最终提高采收率 28 个百分点，配套技术逐步完善，为大庆油田二类油层大幅度提高原油采收率提供了技术支撑。

一、矿场试验的目的

大庆油田二类油层主要集中在萨中及以北地区，与一类油层相比，二类油层层数多、储量大，但渗透率变低、厚度变薄、河道砂规模变窄、河道砂连续性变差。随着一类油层聚合物驱的全面推广，三次采油的开采对象逐步转入二类油层，目前仍以聚合物驱为主要驱替手段。

已完成的一类油层强碱三元复合驱矿场试验，可提高采收率 20 个百分点。但二类油层强碱三元复合驱的开发效果及配套技术适应性尚不明确。因此，急需开展二类油层强碱三元复合驱现场试验，研究其技术经济效果以及配套工艺的适应性，为二类油层尽快推广强碱三元复合驱油技术、增加油田的可采储量，提供技术储备。该技术的实施，对保证油田可持续发展以及提高油田资源利用率具有非常重要的意义。

二、矿场试验区基本概况及方案实施

1. 试验区概况

1）试验区地质概况

北一区断东二类油层强碱体系三元复合驱试验区位于萨尔图油田中部开发区北一区第 98 #断层东部，北面以北 1-3 排为界，南面以北 1- 丁 7 排为界，西起北 1-6- 丙 032 井，东至北 1-3-49 井（图 4-1）。

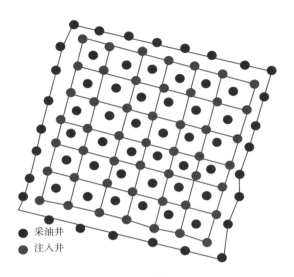

● 采油井
● 注入井

图4-1　北一区断东二类油层强碱体系三元复合驱试验区井位图

试验区面积为1.92km²，总井数112口，其中采出井63口，注入井49口，中心井36口，并设计一口密闭取心井北1–55–检E66。采用125×125m注采井距。试验目的层为萨Ⅱ1–9砂岩组，平均单井射开砂岩厚度为10.6m，有效厚度为7.7m。试验区射孔对象地质储量为240.72×10⁴t，孔隙体积为505.11×10⁴m³（表4–1）。

表4-1　试验区基本情况表

项　　目	全区	中心井区
面积，km²	1.920	1.129
总井数（水井＋油井），口	112（49+63）	85（49+36）
平均砂岩厚度，m	10.6	11.8
平均有效厚度，m	7.7	8.4
平均有效渗透率，D	0.670	0.675
原始地质储量，10⁴t	240.720	143.412
孔隙体积，10⁴m³	505.110	298.443

2）开发简史

北一区断东萨葡油层于1960年投入开发，先后部署5套开发井网，平均井网密度达到50.3口/km²（表4–2）。

表4-2　北一区断东各套井网开发简况表

井网		布井方式	注采井距，m	开采对象	备注
基础井网	葡Ⅰ组	行列井网	3–1100×500（500）	葡Ⅰ组油层	在葡Ⅰ组聚驱井网中全部利用
	萨Ⅱ组	行列井网	5–600×500（600）	萨Ⅱ组油层	大部分井在后期补孔中补射其他层系（$H_{有}$≥2.0m油层居多）
	萨Ⅰ组、萨Ⅲ组、葡Ⅱ组	四点法面积井网	550×550	萨Ⅰ组、萨Ⅲ组、葡Ⅱ组差油层	开采对象为目前的二类油层（$H_{有}$≥1.0m油层居多）
一次加密井网		四点法面积井网	250×250	萨＋葡Ⅱ组差油层	（$H_{有}$≥1.0m油层有效厚度占33.3%）
二次加密井网		斜线状行列井网	200×250	萨＋葡Ⅱ组差油层	（$H_{有}$≥1.0m油层有效厚度占44.9%）
葡Ⅰ组聚驱井网		五点法面积井网	250×250	葡Ⅰ组油层	主力油层

1960 年北一区断东基础井网分三套层系投入开发，其中萨Ⅱ、葡Ⅰ组主力油层采用 3.2km 切割距的行列井网开发，第一排间分别为 600m 和 1100m 排距（第二排间 500m），井距为 500m；萨Ⅰ组、萨Ⅲ组、葡Ⅱ组油层采用井距 550m 左右的四点法面积注水井网。

1987—1989 年，对该区块进行了一次加密调整。在原面积井网的基础上，采用四点法主流线不规则布井方式，构成平均注采井距 250m 左右的新四点法面积井网，调整对象主要分布在萨Ⅰ组、萨Ⅲ组、葡Ⅱ组。

1995—1997 年对北一区断东进行了二次加密调整，采用不规则五点法注水井网，平均注采井距 220m。调整对象主要分布在萨Ⅰ组、萨Ⅲ组、葡Ⅱ组低、特低渗透率薄油层。

1996 年开始对高含水、高产液的葡一组采用 250m 注采井距的五点法面积井网进行了聚合物驱。

试验区水驱井网 46 口，其中注水井 21 口，累计注水 1916.85×10⁴m³。采油井 25 口，累计采油 251.27×10⁴t。截至 2005 年 11 月（试验区投产前），试验区综合含水 93.1%，采油速度 0.88%（表 4-3）。

表 4-3 试验区水驱井开采情况表

井网	注 入 井			采 油 井					
	井数口	2005 年 11 月		井数口	2005 年 11 月				
		日注水 m³	累计注水 10⁴m³		日产液 t	日产油 t	含水 %	累计产油 10⁴t	累计产水 10⁴m³
基础	1	307	507.00	4	456.00	18	96.1	112.28	376.96
一次	7	1310	777.00	7	673.00	33	95.1	94.40	330.48
二次	13	2355	633.00	14	939.00	91	90.3	44.59	246.00
合计	21	3972	1916.85	25	2068	142	93.1	251.27	953.44

3）油层沉积特征及发育状况

（1）岩性、物性及流体性质。

北一区断东二类油层三元复合驱试验区位于萨尔图背斜构造顶部，构造平缓，地层倾角 1°~2°，区域内无断层。

试验区内共发育萨、葡、高三套含油层系，试验目的层萨Ⅱ1-9 砂岩组的沉积环境为河流—三角洲，属碎屑岩储油层，岩性以细砂岩、细粉砂岩和泥质粉砂岩为主（表 4-4），砂岩成分主要是长石、石英。胶结疏松，以接触式、孔隙接触式胶结为主，胶结物主要为泥质，其次是碳酸盐。胶结物的主要黏土矿物成分为高岭石，其次是伊利石（表 4-5）。

表 4-4 北 1-55- 检 E66 井粒度分析数据表

层位	中砂含量，%	细砂含量，%	粉砂含量，%	泥质含量，%	分选系数	粒度中值，mm
萨Ⅱ3-4	1.0	49.8	37.7	9.7	3.0	0.105
萨Ⅱ7-8	21.1	49.0	21.3	8.6	3.6	0.161
萨Ⅱ8-9		20.1	66.1	13.3	4.1	0.062
萨Ⅱ8-9	5.2	48.9	35.3	9.0	3.3	0.117
平均	9.1	42.0	40.1	10.3	3.5	0.111

表 4-5　北 1-55- 检 E66 井黏土矿物相对含量数据表　　　　单位：%

项目	蒙皂石 S	伊利石 I	高岭石 K	绿泥石 C	伊 / 蒙混层 I/S
含量	1.41	29.67	47.95	13.83	7.35

萨尔图油田原油是以烷烃为主，环烷烃次之，含少量芳香烃的石蜡基原油。原油物性具有三高一低的特点：黏度高、凝固点高、含蜡量高、含硫低。原油属石蜡基型，试验区原油密度为 0.863g/cm³，含蜡量为 28.09%，含胶量为 18.03%。油层温度为 42.4℃左右，凝固点为 30℃（表 4-6）。天然气密度为 0.667g/cm³。地层水属碳酸氢钠型，矿化度为 3978~5269mg/L，氯离子含量为 521.1~868mg/L（表 4-7）。

表 4-6　试验区原油组分、原油物性分析表

时间	20℃密度，kg/m³	凝固点，℃	含蜡量，%	含胶量，%	分子量	总烃，%	沥青质，%
2006 年 4 月	863.6	24.8	17.01	21.41	462.5	79.9	5.508

表 4-7　试验区采出水质分析表

时间	pH 值	CO_3^{2-} mg/L	HCO_3^- mg/L	Cl^- mg/L	Ca^{2+} mg/L	Mg^{2+} mg/L	K^++Na^+ mg/L	总矿化度 mg/L
2006 年 4 月	7.97	289.66	2226.39	832.80	37.17	10.33	1549.83	4968.18

（2）沉积特征。

根据细分沉积相解剖结果，试验区萨Ⅱ1-9 储层以三角洲内前缘相沉积为主，平面展布的形态复杂，河道砂体宽度小，各种微相变化频繁，同一微相连片分布的现象较少，平面非均质性较强。纵向上各种沉积特征的砂体呈交互出现，可分为四种沉积类型，发育 11 个沉积单元（表 4-8）。

表 4-8　试验区沉积单元汇总表

序号	沉积类型	单元名称	单元个数
1	分流平原相低弯曲分流砂体	萨 II21，萨 II22，萨 II81	3
2	分流平原相顺直分流砂体	萨 II7，萨 II82	2
3	三角洲内前缘相坨状砂体	萨 II1，萨 II3，萨 II4，萨 II5+61，萨 II5+62	5
4	三角洲内前缘枝坨过渡状相砂体	萨 II9	1
	合计		11

①分流平原相低弯曲分流砂体。区块在大的环境下为水上分流平原相低弯曲分流砂体河流衰竭端的河间沉积段，由于水动力强度的减弱及不稳定，河道砂仅以不连续的条带状及坨状分布，河间沉积面积较广，但其小层发育较薄，有明显的方向性。表外砂体以不规则的坨状散布其中，由于层间夹有薄泥层，造成层与层之间的连通不稳定。河道砂钻遇率 15%~23%。表内和表外砂体的钻遇率分别为 50% 和 20% 左右。尖灭区零星分布，钻遇井数仅占 4%。

②分流平原相顺直分流砂体。属于三角洲分流体系末端高度分散的衰竭型河流，由于河流及水动力作用较弱，使河道砂体的规模较小，水上分流河道砂体呈网状交错、汇集，规模窄小，其间为以表内为主体的河间薄层砂所连接，其中有面积不等的表外砂体及河间

淤泥沉积。由于水流强度和切割能力弱，洪水期经常决口改道。砂体内部主要表现为沿整条河道的垂向充填，因此侧向连续性较好，渗透率的方向性也较明显。河道砂钻遇井点占总井点35%，河间沉积以表内为主，占35%，表外砂体仅占11%，尖灭井点为16%。

③三角洲内前缘相坨状砂体。由于湖浪作用的增强及对砂体的充分改造，使席状砂发育广，河道砂体规模较小，平面上仅以小坨状零星散布，钻遇井点仅占总井数的2%。由于湖浪作用的不稳定，区块的北部，主体砂由储层物性较差的泥质粉砂岩和粉砂质泥岩组成，厚度分布不稳定，砂体形态相对复杂，砂体连续性也较南部差。到了南部，表外砂体及尖灭区沉积明显减少，表内砂为席状砂的主体砂，较北部稳定，且有较好的连续性。各类砂体的钻遇率河道砂8%，表内砂体44%，表外砂体36%，尖灭井点12%。

④三角洲内前缘枝坨过渡状相砂体。由于河流能量的逐渐减弱，湖浪作用的不断增强，对席状砂的改造作用随之增强，所形成的席状砂趋于稳定而广布。但水体较浅，河流作用相对减弱，河道砂体的发育介于枝状和坨状三角洲之间，水下河道呈更窄的条带状或坨状厚层砂体，河道间分叉合并现象较少，有明显的南北方向性，以表内为主体的席状砂稳定分布，期间不规则地分布着以坨状形式沉积的表外砂体和泥质沉积。河道砂砂体钻遇井点为19%，表内席状砂砂体钻遇井点为45%，表外席状砂钻遇井点占29%，尖灭区局部分散，占7%（表4-9）。

表4-9 试验区各单元油层发育情况表

序号	沉积单元	沉积类型	平均射开厚度，m		射开有效厚度占总有效厚度比例，%	有效渗透率 D
			砂岩	有效		
1	萨II1	三角洲内前缘坨状砂体	0.03	0.020	0.3	0.159
2	萨II2$_1$	分流平原相低弯曲分流砂体	1.00	0.60	7.9	0.465
3	萨II2$_2$	分流平原相低弯曲分流砂体	1.20	0.80	10.7	0.548
4	萨II3	三角洲内前缘坨状砂体	0.30	0.20	3.1	0.515
5	萨II4	三角洲内前缘坨状砂体	1.00	0.60	8.0	0.499
6	萨II5+6$_1$	三角洲内前缘坨状砂体	0.40	0.20	3.2	0.629
7	萨II5+6$_2$	三角洲内前缘坨状砂体	0.20	0.10	1.2	0.486
8	萨II7	分流平原相顺直分流砂体	1.60	1.30	16.4	0.663
9	萨II8$_1$	分流平原相低弯曲分流砂体	2.70	2.20	28.0	0.766
10	萨II8$_2$	分流平原相顺直分流砂体	1.40	1.00	13.5	0.754
11	萨II9	三角洲内前缘枝坨过渡状砂体	0.80	0.60	7.7	0.769
合　计			10.60	7.70		0.670

（3）钻遇对象油层发育状况及非均质特征。

依据油藏精细描述成果，在目的层段萨II1-9油层中，重点以分流平原相砂体、低弯曲分流河道砂体及内前缘枝砣过渡状砂体为主要射孔对象，三角洲内前缘相砣状砂体原则上不作为射孔对象，只有油层上、下黏连时附带射孔。即以萨II2$_1$、萨II2$_2$、萨II4、萨II7、萨II8$_1$、萨II8$_2$、萨II9等7个沉积单元作为主要射孔对象，萨II1、萨II3、萨II5+6$_1$、萨II5+6$_2$不作为射孔对象。

①射孔对象油层发育状况满足萨Ⅱ1—9层系独立开采要求。

根据射孔原则编制完成试验区112口井三元复合驱井射孔方案,萨Ⅱ1—9层段平均单井射开层数4.2个,砂岩厚度为10.6m,有效厚度为7.7m,渗透率为0.670D。其中注入井平均单井射开砂岩厚度为10.0m,有效厚度为7.4m,渗透率为0.640D,采出井平均单井射开砂岩厚度为11.0m,有效厚度为7.8m,渗透率为0.692D,中心井射开油层状况略好于全区平均水平,平均单井射开砂岩厚度为11.8m,有效厚度为8.4m,渗透率为0.713D(表4—10)。

表4—10 试验区射开厚度统计表

类别		井数,口	射开砂岩厚度,m	射开有效厚度,m
采出井	全区	63	11.0	7.8
	中心井	36	11.8	8.4
	边角井	27	10.1	7.1
注入井		49	10.0	7.4
合计		112	10.6	7.7

试验区112口井,萨Ⅱ9与萨Ⅱ10之间具有独立隔层井107口,占总井数的95.5%。其中隔层厚度大于1.5m井为85口,占总井数的75.9%,隔层平均厚度为3.8m;隔层厚度小于1.5m井有22口井,占总井数的19.6%,隔层平均厚度为0.8m;仅有5口井萨Ⅱ9与萨Ⅱ10间跨多个沉积单元,占总井数的4.5%(注入井2口,采出井3口)(表4—11)。

表4—11 试验区萨Ⅱ9与萨Ⅱ10跨多个沉积单元井情况表

序号	井号	井别	跨砂岩组层段			目的层段			非目的层段		
			层号	厚度,m		层号	厚度,m		层号	厚度,m	
				砂岩	有效		砂岩	有效		砂岩	有效
1	北1—44—E64	油	萨Ⅱ8—12	11.1	9.5	萨Ⅱ8—9	4.7	2.2	萨Ⅱ10—12	6.4	7.3
2	北1—53—E65	油	萨Ⅱ7—12	16.8	15.3	萨Ⅱ7—9	10.0	9.4	萨Ⅱ10—12	6.8	5.9
3	北1—54—E65	水	萨Ⅱ8—11	11.5	9.4	萨Ⅱ8—9	8.0	6.9	萨Ⅱ10—11	3.5	2.5
4	北1—55—E64	油	萨Ⅱ8—11	11.9	10.8	萨Ⅱ8—9	9.1	8.3	萨Ⅱ10—11	2.8	2.5
5	北1—60—E61	水	萨Ⅱ8—13	20.2	16.9	萨Ⅱ8—9	11.5	9.4	萨Ⅱ10—13	8.7	7.5
合计				14.3	12.4		8.7	7.2		5.6	5.2

②射孔对象油层非均质特征。

从有效厚度分级状况看,射开对象以厚度大于2m的油层为主,占70%以上。此外,考虑完善注采关系以及全井厚度的需要,扩射了有效厚度小于1m油层中的渗透率大于0.1D油层,采出井扩射部分占总的射开有效厚度比例11.6%,注入井扩射部分占总的射开有效厚度比例10.2%(表4—12)。

表4-12 不同有效厚度油层比例情况表

有效厚度分级 m	采出井				注入井			
	层数比例 %	砂岩 %	有效厚度 %	渗透率 D	层数比例 %	砂岩 %	有效厚度 %	渗透率 D
≥2	36.5	68.1	74.4	0.771	34.6	65.5	70.3	0.733
1~2	18.6	15.1	13.9	0.576	27.0	21.2	19.5	0.511
0.5~1	21.2	10.1	7.9	0.312	22.7	9.4	7.7	0.349
<0.5	23.7	6.7	3.7	0.136	15.7	3.9	2.5	0.219

从射开对象渗透率分布看，渗透率大于0.1D有效厚度比例达96.1%以上，但不同渗透率区间厚度比例分布较零散（表4-13）。

表4-13 不同渗透率油层比例情况表

渗透率分级 D	采油井			注入井		
	层数比例，%	砂岩，%	有效厚度，%	层数比例，%	砂岩，%	有效厚度，%
≥0.9	15.3	25.0	28.9	9.2	14.4	15.2
0.6~0.9	21.2	30.7	32.4	24.9	35.9	39.4
0.3~0.6	21.2	24.8	24.4	31.9	34.5	34.1
0.1~0.3	22.3	13.7	10.4	22.7	11.9	9.2
<0.1	20.1	5.8	3.9	11.4	3.3	2.2

从试验区油层沉积韵律特征看，以均质层和正韵律为主，厚度比例分别为61.1%和23.3%，而在有效厚度大于1m油层中，则正韵律层数比例最高达到48.5%，有效厚度比例达到48.0%，其次是复合韵律层数比例为17.8%，有效厚度比例为22.6%，均质层层数比例虽然达到16.5%，但有效厚度比例最低只有7.7%（表4-14）。

表4-14 试验区不同沉积韵律油层发育状况统计

韵律种类	全区			有效厚度大于1m		
	层数比例，%	平均单层厚度，m	有效厚度，%	层数比例，%	平均单层厚度，m	有效厚度，%
正韵律	23.3	2.4	41.2	48.5	2.8	48.0
反韵律	6.0	2.0	8.8	11.2	2.5	9.9
复合韵律	7.2	3.5	18.5	17.8	3.6	22.6
多段多韵律	2.4	5.6	9.7	6.0	5.6	11.8
均质层	61.1	0.5	21.8	16.5	1.3	7.7
合计	100	14.0	100	100	15.8	100

从射孔层连通程度及化学驱控制程度看，试验区河道砂及有效厚度大于1m非河道砂连通程度达到80.4%，其中河道砂一类连通方向层数占17.9%，有效厚度占39.0%（表4-15）。

表 4-15 射孔层河道砂及有效厚度大于 1m 油层连通程度表 单位：%

分类	河道砂						合计		
	一个或二个方向连通			三个或四个方向连通					
	层数比例	砂岩	有效厚度	层数比例	砂岩	有效厚度	层数比例	砂岩	有效厚度
河道砂	11.8	20.4	22.7	6.1	13.6	16.3	17.9	34.0	39.0
非河道砂	10.2	10.3	10.6	5.4	7.2	7.9	15.7	17.5	18.4
小计	22.0	30.7	33.3	11.5	20.8	24.2	33.6	51.5	57.4

分类	加上有效厚度大于 1m 非河道砂						合计		
	一个或二个方向连通			三个或四个方向连通					
	层数比例	砂岩	有效厚度	层数比例	砂岩	有效厚度	层数比例	砂岩	有效厚度
河道砂	10.9	19.5	21.9	12.1	24.3	29.1	23.0	43.9	51.0
非河道砂	15.7	15.5	15.4	11.2	13.4	14.0	26.8	28.9	29.4
小计	26.6	35.0	37.3	23.3	37.7	43.1	49.8	72.8	80.4

4）剩余油分布特点

（1）新钻井储量分布统计表明，剩余油主要分布在萨 II7、萨 II8$_1$ 和萨 II8$_2$ 单元，从油层类型来看，主要分布在河道砂及有效厚度大于 1m 非河道砂体中。

从不同单元分布情况看，萨 II7、萨 II8$_1$ 和萨 II8$_2$ 单元储量为 145.17×10^{4}t，占总储量的 60.3%。从不同油层类型储量分布情况看，河道砂及有效厚度大于 1m 非河道砂储量为 190.59×10^{4}t，占总储量的 79.2%，其中，河道砂储量为 152.31×10^{4}t，占总储量的 63.2%（表 4-16）。

表 4-16 试验区分单元地质储量分布情况表 单位：m

单元	表内储层					表外储层			总计
	河道砂	非河道砂			合计	与有效渐变接触	独立发育	合计	
		大于 1m	小于 1m	小计					
萨 II2$_1$	7.10	6.17	4.41	10.58	17.68	1.77	1.46	3.23	20.91
萨 II2$_2$	13.54	5.06	4.37	9.43	22.97	1.69	1.23	2.92	25.89
萨 II3	1.59	1.60	2.35	3.95	5.54	0.28	0.34	0.62	6.16
萨 II4	5.20	9.09	5.15	14.24	19.44	1.89	0.76	2.65	22.09
萨 II5+6$_1$	3.64	0.91	1.59	2.50	6.14	0.39	0.15	0.54	6.68
萨 II5+6$_2$	0.32	0.19	0.50	0.69	1.01	0.15	0.03	0.18	1.19
萨 II7	30.03	2.55	3.66	6.21	36.24	1.52	0.92	2.44	38.68
萨 II8$_1$	57.85	4.81	2.35	7.16	65.01	3.09	1.02	4.11	69.12
萨 II8$_2$	23.08	6.65	4.25	10.90	33.98	1.98	1.40	3.38	37.36
萨 II9	9.96	1.24	0.83	2.07	12.03	0.50	0.11	0.61	12.64
合计	152.31	38.27	29.46	67.73	220.04	13.25	7.43	20.68	240.72

（2）根据试验区 112 口新钻井不同厚度油层水淹状况统计结果，有效厚度大于 2m 油层全部水淹，有效厚度在 0.5~2.0m 之间油层也几乎全部水淹，水淹层数在 97% 以上，水淹厚度在 94% 以上。有效厚度小于 0.5m 非主体薄层砂剩余油潜力相对较大，水淹层数为 64.0%，水淹厚度为 67.9%。从不同水淹级别看，各类储层总体上仍有 27.6% 的低、未水淹厚度，其中有效厚度为 1~2m 和大于 2m 油层中，低、未水淹厚度比例分别为 18.3% 和 22.9%，平均为 21.9%（表 4-17）。

表 4-17　试验井不同有效厚度级别水淹状况

有效厚度分级，m	不同时间对比	有效厚度 m	层数 个	水淹层数 个	水淹厚度比例，%			
					高	中	低	未
≥ 2.0	2001—2003 年更新井	78.8	23	23	6.3	56.2	17.5	19.9
	2005 年试验井	669.9	169	169	30.3	46.8	20.2	2.7
1.0~2.0	2001—2003 年更新井	100.3	70	70	15.8	58.3	12.3	13.7
	2005 年试验井	182.0	134	132	22.9	58.8	15.1	3.2
0.5~1.0	2001—2003 年更新井	79.8	107	95	9.6	43.4	40.6	6.4
	2005 年试验井	97.4	178	173	3.1	62.0	29.0	5.9
< 0.5	2001—2003 年更新井	72.8	307	56	2.2	18.4	54.7	24.7
	2005 年试验井	78.2	283	181	0.3	21.4	46.3	32.1
合计	2001—2003 年更新井	331.7	507	244	9.1	45.5	29.6	15.8
	2005 年试验井	1014.2	757	648	24.1	48.4	22.4	5.2

注：2001—2003 年侧钻更新井 5 口，2005 年试验井 112 口。

（3）根据试验区 6 口井壁取心井不同厚度油层水淹解释结果，有效厚度大于 1m 油层全部水淹，有效厚度小于 1m 油层也几乎层层水淹，各类油层水淹厚度在 91% 以上，与新井水淹解释结果一致。从不同水淹级别看，各类储层总体上高水淹厚度比例为 30.9%，中水淹厚度比例为 54.1%，低水淹和未水淹厚度比例为 15.1%，其中有效厚度大于 1m 油层中，低水淹和未水淹厚度比例为 12.4%，比新井水淹解释低 9.5 个百分点（表 4-18）。

表 4-18　6 口井壁取心井测井与取心解释水淹状况对比

有效厚度分级，m	解释方法	解释层数 个	有效厚度 m	水淹层数 个	水淹厚度 m	水淹厚度比例，%	高水淹 %	中水淹 %	低水淹 %	未水淹 %
≥ 2.0	测井	9	33.4	9	32.4	97.0	35.0	45.2	16.8	3.0
	取心	9	33.4	9	32.7	97.9	40.1	51.5	6.3	2.1
1.0~2.0	测井	6	8.7	6	8.3	95.4	24.1	67.8	3.4	4.6
	取心	6	8.7	6	8.2	94.3	20.7	51.7	21.8	5.7
0.5~1.0	测井	12	8.2	12	7.8	95.1	6.1	63.4	25.6	4.9
	取心	12	8.2	11	7.5	91.7	17.1	69.5	4.9	8.5
< 0.5	测井	16	4.8	13	4.0	83.3	0	22.9	60.4	16.7
	取心	11	3.5	10	3.3	94.3	0	48.6	45.7	5.7
合计	测井	43	55.1	40	52.5	95.3	26.0	49.5	19.8	4.7
	取心	38	53.8	36	51.7	96.1	30.9	54.1	11.2	3.9

（4）数值模拟研究表明，目前试验区萨Ⅱ1，萨Ⅱ2₁，萨Ⅱ2₂等储层动用较低，在以枝状过渡状三角洲内前缘相为主的沉积单元注采不完善区域含油饱和度较高，动用较差。由模拟区剩余油丰度图可以看出剩余油主要分布在储层的河道砂和注采系统不完善区域，主要分布在模拟区的南部，而且全区的剩余油分布特点受主力油层影响很大。

上述资料表明，随着开采时间的延长，剩余油潜力逐步减少，二类油层虽然具有一定剩余油潜力，但主要集中在厚油层内的低水淹、未水淹段内。

2. 试验区的方案实施情况

1）试验区设计方案

（1）空白水驱阶段。

（2）前置聚合物保护段塞：注入聚合物为 0.0375PV，聚合物浓度为 1300mg/L。

（3）三元复合驱主段塞阶段：注入三元复合体系为 0.30PV，碱浓度质量分数为 1.2%，表面活性剂浓度质量分数为 0.3%，聚合物浓度为 2000mg/L。

（4）三元复合驱副段塞阶段：注入三元复合体系为 0.15PV，碱浓度质量分数为 1.0%，表面活性剂浓度质量分数为 0.1%，聚合物浓度为 2000mg/L。

（5）后续聚合物保护段塞阶段：注入聚合物为 0.20PV，聚合物浓度为 1500mg/L。

（6）后续水驱至含水 98%。

2）方案实施情况

试验区于 2005 年 12 月投产，2006 年 7 月 16 日注入前置聚合物段塞，2006 年 11 月 10 日投注三元复合体系主段塞，2008 年 12 月 1 日注入三元复合体系副段塞，2010 年 11 月 16 日进入后续聚合物段塞，2011 年 9 月 1 日单井组个性化停聚，陆续进入后续水驱阶段（表 4-19）。全区化学驱阶段累计产油 78.42×10⁴t，中心区化学驱阶段累计产油 47.05×10⁴t，阶段采出程度为 32.8%，阶段提高采收率为 27.0%，目前中心井平均含水 98.22%。试验区地层压力为 9.3MPa，总压差为 -1.26MPa，累计注采比为 1.02。

表 4-19 三元复合驱试验区注入方案及执行情况表

阶段	注入参数								注入孔隙体积倍数，PV		注入时间
	聚合物				碱质量分数，%		表面活性剂质量分数，%				
	浓度，mg/L		分子量，万								
	方案	实际	方案	实际	方案	实际	方案	实际	方案	实际	
前置聚合物段塞	1300	1300	1500	1500~2500					0.0375	0.054	2006 年 7 月
三元复合体系主段塞	2000	2000	1500	1500	1.2	1.2	0.3	0.3	0.3000	0.108	2006 年 11 月
				1900						0.084	2007 年 7 月
				2500						0.159	2008 年 1 月
三元复合体系副段塞	2000	2000	1500	2500	1.0	1.0	0.2	0.2	0.1000	0.107	2008 年 12 月
				2500	0.8	0.8	0.1	0.1	0.1500	0.178	2009 年 7 月
后续聚合物段塞	1500		1500	2500					0.2000	0.233	2010 年 5 月
化学驱合计									0.7875	0.923	

（1）空白水驱阶段。

2005年12月28日完成主要基建工作进入空白水驱阶段，水驱阶段累计注水 $47.812 \times 10^4 m^3$，占地下孔隙体积的0.095PV，平均注入速度为0.2PV/a。空白水驱阶段全区累计产油 $4.0899 \times 10^4 t$，阶段采出程度1.7%，累计产水 $67.2140 \times 10^4 m^3$。中心井区累计产油 $2.5148 \times 10^4 t$，阶段采出程度1.75%，累计产水 $34.3812 \times 10^4 m^3$。

（2）前置聚合物段塞阶段。

试验区于2006年7月16日开始注入前置聚合物段塞，首先对27口井进行2500万分子量聚合物调剖，至2006年8月23日全区开始注入1500万分子量聚合物。至2006年11月9日，累计注入聚合物溶液为 $20.7178 \times 10^4 m^3$，占地下孔隙体积的0.041PV。前置聚合物段塞结束时，全区注入井平均注入压力为7.53MPa，平均日注2594m³，注入速度为0.19PV/a，平均注入聚合物浓度为1224mg/L，注入聚合物溶液黏度为30.0mPa·s。与水驱对比，注入压力上升2.44MPa，日注下降116m³，视吸水指数为1.06m³/（d·m·MPa）。

前置聚合物段塞结束时，全区已初步见到效果，从含水分布情况看，含水低于90%的15口井，占全区总井数的23.8%，比水驱时增加13口。含水高于95%的28口井，比水驱时下降23口。

（3）三元复合体系主段塞阶段。

试验区于2006年11月10日到2008年11月30日，完成了三元复合体系主段塞注入，期间三元复合体系中聚合物分子量采取梯次注入，分别为1500万、1900万、2500万的聚合物，这一阶段累计注入三元复合体系 $177.5042 \times 10^4 m^3$，占地下孔隙体积的0.351PV，三元复合体系中三种化学剂平均注入浓度：碱质量分数为1.2%、表面活性剂质量分数为0.3%、聚合物为2000mg/L，体系平均黏度为41.6mPa·s。三元复合体系主段塞结束时平均注入压力10.29MPa，与水驱时对比，注入压力上升了5.2MPa。三元复合体系主段塞结束时日注量2633m³，与水驱时相比上升了13m³。视吸水指数三元复合体系主段塞结束时为0.73m³/（d·m·MPa），与前置聚合物段塞结束时相比下降了31.1%。产液指数三元复合体系主段塞结束时为1.028m³/（d·m·MPa），与前置聚合物段塞结束时相比下降了39.9%。

（4）三元复合体系副段塞阶段。

2008年12月1日到2010年11月15日底完成三元复合体系副段塞注入，注入三元复合体系 $144.12735 \times 10^4 m^3$，占地下孔隙体积的0.285PV，试验过程中根据试验区动态及数值模拟研究结果，将三元复合体系副段塞分为两段：0.107PV（质量分数为1.0%碱+质量分数为0.2%表面活性剂+2000mg/L聚合物）；0.178PV（质量分数为0.8%碱+质量分数为0.1%表面活性剂+2000mg/L聚合物）。三元复合体系副段塞结束时注入压力为10.59MPa，视吸水指数由三元复合体系主段塞结束时的0.73m³/（d·m·MPa）到三元复合体系副段塞0.7m³/（d·m·MPa）。

（5）后续聚合物保护段塞阶段。

2010年11月16日，根据试验含水分布状况，同时结合数值研究结果，对试验区注入井陆续转入聚合物保护段塞，至2010年11月18日试验区全面进入后续聚合物段塞。截至2011年8月31日，试验区累计注入化学剂为 $453.81 \times 10^4 m^3$，占地下孔隙体积的0.923PV。

（6）后续水驱阶段。

2011 年 9 月 1 日试验区结合单井组动态变化特征，实施最小尺度个性化停注聚合物 7 个井组，进一步提高试验区开发效果。井组注入段塞大于 0.7875PV、连通油井三个方向含水大于 94%、采聚合物浓度大于 800mg/L 的井组停注聚合物转入后续水驱。至 2012 年 1 月 18 日试验区 49 口注入井全部转入后续水驱至 2012 年 10 月底，后续水驱累计注入孔隙体积倍数为 0.117PV（图 4-2 和图 4-3）。

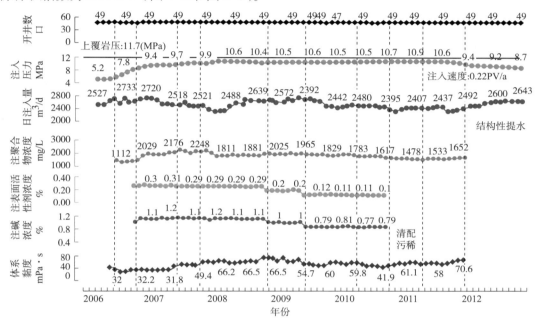

图 4-2 北一区断东三元复合驱试验区注入曲线

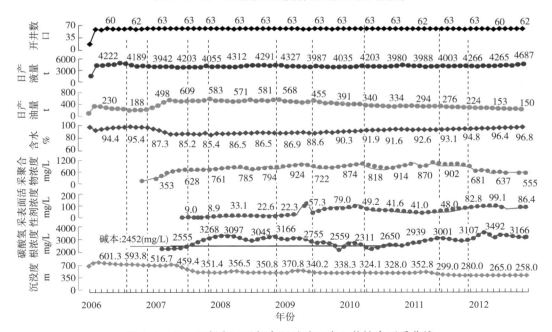

图 4-3 北一区断东三元复合驱试验区中心井综合开采曲线

三、试验取得的成果及认识

（1）二类油层强碱三元复合驱可比水驱提高采收率 20 个百分点以上。

北一区断东二类油层强碱三元复合驱试验区水驱结束时中心采油井综合含水 96.2%，采出程度 38.6%。试验区注入化学剂溶液 0.0135PV 开始见效，注入化学剂溶液 0.2059PV 含水下降到最低点，截至 2012 年 3 月，累计注入化学剂溶液 0.923PV，全区化学驱累计产油 81.64×10^4t，累计增油 58.63×10^4t。中心区累计产油 48.69×10^4t，累计增油 33.14×10^4t，中心井综合含水 96.9%。阶段采出程度 33.95%，提高采收率 28.19%，取得了较好的开发效果（图 4–4）。

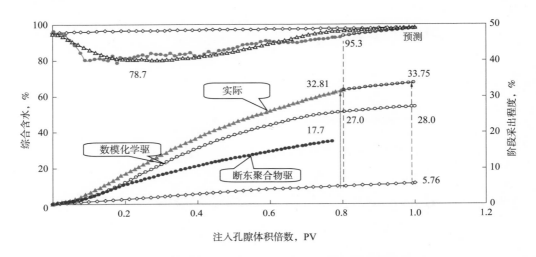

图 4–4　综合含水、采出程度与注入孔隙体积倍数关系曲线

另外，从三元复合驱与聚合物驱开采效果对比看，采收率提高值比聚合物驱高近一倍。北一区断东二类油层强碱三元复合驱与北一区断东二类油层聚合物驱油对比，虽然油层厚度发育有一定差异，但渗透率、化学驱控制程度、注入速度及注入黏度基本相当，两个区块具有一定的可比性（表 4–20）。

表 4–20　三元与聚驱地质数据对比表

区块	开采层位	有效厚度 m	渗透率 D	砂体控制程度 %	初含水 %	注入速度 PV/a	注入黏度 mPa·s
北一断东三元	萨Ⅱ1–9	7.7	0.67	82.5	96.2	0.18	53
北一断东聚驱	萨Ⅱ10–Ⅲ10	12.2	0.64	86.7	93.6	0.16	60

北一区断东三元复合驱含水下降幅度大，最大含水下降了 17.5 个百分点，比聚合物驱多 4.8 个百分点；低含水稳定时间长达 28 个月，好于聚合物驱；注入全过程中三元复合驱单位厚度增油量及采油速度均高于聚合物驱，见效高峰期时是聚合物驱的 1.5 倍以上（图 4–5 和图 4–6）。

矿场试验表明，三元复合驱可以大幅度提高采收率，开发效果好于聚合物驱。其原因主要是三元体系在扩大波及体积的同时，较好地发挥了三元复合体系提高驱油效率的作用。北一区断东三元复合驱试验过程中采出原油重质成分由三元复合体系主段塞阶段的 51.9% 上升至三元复合体系副段塞的 63.7%，增加了 11.8%，说明水驱未波及的剩余油得到了动用，提高了驱油效率（表 4-21）。

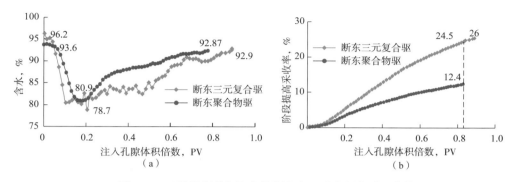

图 4-5 三元复合驱与聚合物驱含水、采出程度对比曲线

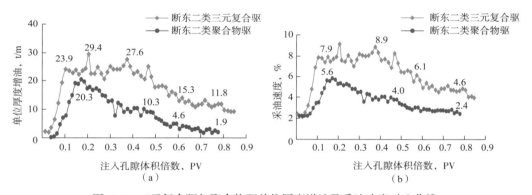

图 4-6 三元复合驱与聚合物驱单位厚度增油及采油速度对比曲线

表 4-21 试验区原油全烃分析统计表　　　　　　单位：%

时间	2008 年 2 月（主段塞）	2008 年 11 月（主段塞）	2009 年 2 月（副段塞）	2009 年 5 月（副段塞）	2009 年 11 月（副段塞）
C16—C38 含量	51.9	58.8	61.4	63.1	63.7

（2）试验区注入速度保持稳定，注入量、产液量下降幅度小，注采能力较强[41]。

水驱空白阶段，在注采平衡的基础上，通过调整井组间的注采关系，确保了注入井注入压力保持在合理水平，并预留了化学驱注入压力的上升空间。在化学驱注入过程中，注入压力由 5.09MPa 上升至最高点 10.63MPa，上升了 5.54MPa，最高注入压力与破裂压力（11.3 MPa）相差 0.67 MPa。试验区方案设计注入速度为 0.2PV/a，在化学驱阶段整体注入速度稳定，注入速度保持在 0.17~0.19PV，其中三元复合体系主段塞阶段平均注入速度为 0.184PV/a，三元复合体系副段塞阶段平均注入速度为 0.185PV/a，后续聚合物保护段塞阶段平均注入速度为 0.173PV/a。由于化学驱注入速度平稳，在保持注采平衡的基础上，试验区日注入量下降幅度较小，日注入量由 2645m³ 最大下降到 2507m³，仅下降了 5.2%，日产液量由 2075t 最大下降到 1732t，下降了 16.5%，较强的注采能力为三元复合驱开发效果奠定了基础（表 4-22）。

表 4-22　试验区不同阶段注采状况统计表

阶段	聚合物分子量	注入压力 MPa	注入量 m³/d	注入速度 PV/a	中心井产液量，t/d
空白水驱（2006 年 6 月）		5.09	2616	0.189	2075
前置段塞（2006 年 7—10 月）	1500 万	6.8	2645	0.191	1984
主段塞（2006 年 11 月—2007 年 6 月）	1500 万	9.1	2629	0.19	1732
主段塞（2007 年 7—12 月）	1900 万	9.96	2507	0.181	1793
主段塞（2008 年 1—12 月）	2500 万	10.49	2512	0.181	1966
副段塞（2009 年 1 月—2010 年 11 月）	2500 万	10.53	2558	0.185	1861
保护段塞（2010 年 12 月—2011 年 12 月）	2500 万	10.63	2389	0.173	1944

试验区注采能力较强主要有以下几个方面原因。

①缩小注采井距，注采能力增强。对比不同注采井距三元复合驱区块，随着注采井距的缩小，视吸水指数、采液指数下降幅度减少（表 4-23 和表 4-24）。

表 4-23　不同试验区视吸水指数对比数据表

区块	井距 m	视吸水指数		
		投注初期 m³/（d·m·MPa）	0.4676PV m³/（d·m·MPa）	下降幅度 %
杏二中三元复合驱	200	2.52	1.13	55.1
北一断东三元复合驱	125	1.45	0.7	51.7

表 4-24　不同试验区采液指数对比数据表

区块	井距 m	采液指数		
		投注初期，t/（d·m·MPa）	0.4676PV t/（d·m·MPa）	下降幅度 %
杏二中三元复合驱	200	4.45	0.63	85.8
北一断东三元复合驱	125	1.82	0.91	50.0

②合理匹配聚合物分子量及注入黏度，可保证注采能力。试验区初期方案设计借鉴二类油层聚合物开发经验，三元复合体系主段塞阶段分梯次注入 1500 万分子量聚合物、1900 万分子量聚合物、2500 万分子量聚合物，注入黏度逐渐增大，由 31.8mPa·s、62.4mPa·s 到 78.2mPa·s，在保证了注入压力上升、油层动用比例稳中有升的基础上，注采能力稳定（表 4-25）。

表 4-25　驱油方案"渐强式"动态跟踪调整方法

阶段	跟踪调整内容			调整后效果		
	聚合物分子量	注入浓度 mg/L	黏度 mPa·s	注入压力 MPa	井间最大压差，MPa	动用比例 %
空白水驱（2006 年 6 月）				5.09	8.2	75.0
前置段塞（2006 年 10 月）	2500 万调剖，1500 万注入	1225	24.6	8.19	4.4	84.4
主段塞（2007 年 6 月）	1500 万	2171	31.8	9.36	5.5	80.2
主段塞（2007 年 12 月）	1900 万	2371	62.4	9.87	4.2	78.4
主段塞（2008 年 12 月）	2500 万	2056	78.2	10.51	3.5	80.4

③适时采取增产、增注措施，可以有效改善注采能力。三元复合驱阶段中心井区压裂井次占总井数的比例达到117%。

（3）试验区含水下降幅度大，低含水稳定期长。

由于试验区二类油层层间和层内发育的差异、井组间剩余油饱和度的不同，导致单井含水降幅不同，受层间接替见效影响，试验区中心井含水变化呈现出见效快、低含水稳定时间长的特征。

①试验区中心井含水变化可以分为四个阶段（表4-26）。

表4-26 北一区断东三元复合驱试验区含水变化阶段统计表

见效阶段	阶段含水变化, %	注入时间, PV	持续时间, mon
含水下降期	80.4~96.2	0~0.104	8
低含水稳定期	80.4~83.8	0.104~0.49	28
含水快速回升期	83.8~90.2	0.49~0.75	17
含水缓慢回升期	90.2~94.0	0.75~0.97	14

含水下降阶段：从注入化学剂溶液开始到注入化学剂溶液0.104PV，中心区含水由96.2%下降到80.4%，这一阶段历时8个月，平均月含水下降1.9%。

低含水稳定期：注入化学剂溶液0.104PV到0.49PV，含水稳定在80.4%与83.8%之间，低含水稳定期达到了28个月。

含水快速回升期：注入化学剂溶液0.49PV后，含水回升趋势较快，到全部转入后续聚合物驱，含水由83.8%上升到90.2%，平均月含水上升速度为0.3%，这一阶段持续了17个月。

含水缓慢回升期：注入化学剂溶液0.759PV后，含水缓慢回升，到后续聚合物段塞结束，含水由90.2%上升到94%，共持续了14个月。

②中心井区含水下降幅度大于20个百分点的井数占58.3%。

试验区中心井见效明显，含水下降幅度超过20个百分点的井有21口井，占中心井总数的58.3%，其中含水下降幅度超过40个百分点的有8口井（表4-27）。单井见效高峰叠加，中心井区含水最低达到69.9个百分点，与水驱结束时对比，含水降幅26.3个百分点。从单井含水下降幅度来看，注化学剂溶液前含水越低、相对剩余油越多，含水下降幅度越大（表4-28）。

表4-27 中心井区采出井见效情况表

含水下降分级, %	井数口	见效前			单井见效高峰期			差值		
		日产液 t	日产油 t	含水 %	日产液 t	日产油 t	含水 %	日产液 t	日产油 t	含水 %
< 10	2	75	3.0	96.0	94	13.3	85.5	20	10.4	−9.8
10~20	13	60	1.7	97.2	49	8.7	82.4	−11	7.0	−14.8
20~40	13	56	2.9	94.9	40	14.2	64.8	−15	11.3	−30.1
> 40	8	44	4.0	90.8	40	22.4	43.5	−4	18.4	−47.3
合计	36	56	2.1	96.2	46	14.0	69.9	−9	11.9	−26.3

表4-28　中心井区注聚合物前含水与含水下降幅度统计表

注聚合物前含水分级，%	井数，口	井数比例，%	注聚前含水，%	最低点含水，%	最大含水下降幅度，%
85~90	4	11.1	86.2	42.4	43.8
90~95	10	27.8	93.5	66.4	27.1
95~97	12	33.3	96.4	73.8	22.6
大于97	10	27.8	98.0	78.9	19.1
合计	36	100.0	95.2	69.9	26.3

③井间接替见效、低含水稳定期时间长。

由于二类油层河道砂发育规模变小、层数多、单层厚度变薄、渗透率变低、平面及纵向非均质严重，导致单井组见效时间、含水下降幅度、低含水稳定时间不同。按照单井油层发育状况对单井组进行归类分析，将中心采油井划分为三类：A类井为单层射开河道砂有效厚度不小于4m，且河道砂一类连通不小于2方向的井；B类井为单层射开河道砂有效厚度小于4m，且全井河道砂有效厚度不小于4m的井；C类井为全井射开河道砂有效厚度小于4m的井。二类油层发育主要以B类井为主（表4-29）。

表4-29　单井组分类结果统计结果

分类	井数，口	砂岩厚度，m	有效厚度，m	河道砂比例，%	储量比例，%	化学驱阶段采出程度，%
A类井	6	9.3	7.7	85.3	17.8	21
B类井	20	13.1	9.5	68.5	59.5	40.1
C类井	10	9.4	5.5	34.4	22.7	25.2

从图中看出（图4-7）：A类井含水变化呈"V"形，含水下降速度快、回升快；B类井含水变化呈"倒梯形"，含水下降早、低含水稳定期长，含水回升速度慢；C类井含水变化呈"对勾"形，含水下降晚、低含水稳定期长，含水上升减缓。分类型井采出程度对比，B类井开发效果最好。

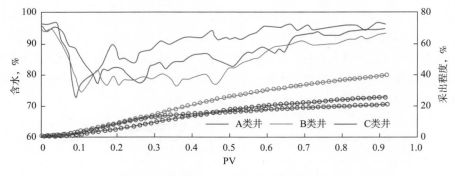

图4-7　分类井含水、采出程度对比曲线

（4）全过程剖面动用比例高，特别是薄层动用状况改善明显。

二类油层化学驱的开采对象为河道砂及有效厚度不小于1.0m，渗透率不小于0.1μm²的非河道砂。北一断东二类油层强碱三元复合驱试验区严格执行射孔界限，开采对象有效厚度不小于1.0m的层数比例为58.4%，有效厚度比例为89.5%。渗透率不小于0.1μm²的层数比例为84.3%，有效厚度比例为97.0%。

试验区自 2006 年 11 月 10 日注入三元复合体系主段塞以后，通过对三元复合体系中聚合物分子量的调整，结合分层调整措施，油层动用厚度比例不断增加。水驱阶段层数动用比例、厚度动用比例分别为 40%、63.4%，随着化学剂溶液的注入，动用状况逐渐改善，到三元复合体系副段塞阶段，试验区油层层数动用比例、厚度动用比例分别达 68.7%、84.6%，其中有效厚度大于 2m 的油层厚度动用比例达到 90.2%，整体上试验区仍以厚油层动用为主。

虽然试验区厚油层动用比例较高，但薄层动用状况改善也比较明显。水驱阶段有效厚度小于 1m 油层的层数动用比例、厚度动用比例分别为 16.1%、25.0%，到三元复合体系副段塞阶段，层数动用比例、厚度动用比例分别达到 45.2%、54.5%（表 4–30）。

表 4-30 试验区不同厚度阶段油层动用状况对比表

| 有效厚度分级 m | 空白水驱 | | 三元复合体系主段塞 | | | | | | 三元复合体系副段塞 | |
| | | | 1500 万聚合物 | | 1900 万聚合物 | | 2500 万聚合物 | | 2500 万聚合物 | |
	动用层数比例，%	动用厚度比例，%	动用层数比例，%	动用厚度比例，%	动用层数比例，%	动用厚度比例，%	动用层数比例，%	动用厚度比例，%	动用层数比例，%	动用厚度比例，%
≥ 2	82.6	89.0	82.6	90.0	87.0	91.3	91.3	90.0	82.6	82.3
1~2	50.0	54.9	61.1	64.6	50.0	55.7	66.7	67.5	83.3	82.9
< 1	16.1	25.0	35.5	47.4	41.9	39.7	48.4	44.2	45.2	54.5
合计	45.8	75.0	56.9	80.2	58.3	78.4	66.7	80.3	66.7	79.1

水驱阶段有效渗透率为 0.1~0.3D 油层的层数动用比例、厚度动用比例分别为 13.3%、21.2%，到三元复合体系副段塞阶段，层数动用比例、厚度动用比例分别达 66.7%、76.0%（表 4–31）。

表 4-31 试验区不同渗透率阶段油层动用状况对比表

| 渗透率分级 D | 空白水驱 | | 三元复合体系主段塞 | | | | | | 三元复合体系副段塞 | |
| | | | 1500 万聚合物 | | 1900 万聚合物 | | 2500 万聚合物 | | 2500 万聚合物 | |
	动用层数比例，%	动用厚度比例，%	动用层数比例，%	动用厚度比例，%	动用层数比例，%	动用厚度比例，%	动用层数比例，%	动用厚度比例，%	动用层数比例，%	动用厚度比例，%
< 0.10	8.3	18.9	16.7	27.0	50.0	45.9	58.3	51.4	25.0	35.1
0.1~0.3	13.3	21.2	26.7	26.0	46.7	48.1	60.0	62.5	66.7	76.0
0.3~0.5	55.6	56.9	77.8	80.4	33.3	45.1	44.4	56.9	77.8	73.5
0.5~0.7	60.0	68.3	40.0	87.6	70.0	84.7	80.0	84.2	70.0	71.3
0.7~0.9	72.7	84.9	63.6	74.5	45.5	62.2	72.7	90.4	72.7	86.5
≥ 0.9	73.3	88.7	86.7	92.5	93.3	95.7	80.0	83.6	86.7	82.8
合计	45.8	75.0	51.4	80.2	58.3	78.4	66.7	80.3	66.7	79.1

与聚合物驱相比，三元复合驱调整剖面能力更强，尤其是薄差层动用程度明显好于聚合物驱。相同注入时期对比，三元复合驱整体厚度动用比例高于聚合驱 14 个百分点，特

别是渗透率低于 0.1D 和 0.1~0.3D 的油层，三元复合驱的厚度动用明显高于聚合物驱，分别比聚合物驱高出 8.2%、30.5%（表 4-32）。

表 4-32　三元复合驱与聚合物驱油层动用情况对比表

渗透率分级，D	聚合物驱动用厚度比例，%	三元复合驱动用厚度比例，%	差值，%
≤ 0.1	37.7	45.9	8.2
0.10~0.30	40.7	71.2	30.5
0.30~0.60	45.7	74.7	29.0
0.60~1.00	78.3	89.9	11.6
≥ 1.00	69.6	83.1	13.5
合计	66.4	80.4	14.0

（5）采出液出现乳化，化学剂没有出现明显的色谱分离，三元复合体系化学剂协同作用好。

①试验区出现较明显的乳化现象，乳状液稳定时间长。

2007 年 4 月开始（三元复合体系注入 4 个月后），试验区有 3 口井出现乳化现象。其中北 1-44- 斜 E62 乳化后含水由 90.5% 含水下降到 45.2%，采出液无游离水，采出液为深棕黄色乳状液，在 45℃条件下黏度约为 120mPa·s 左右，乳化类型为油包水型，持续时间为 6 个月，之后随水回升，乳化液黏度下降，采出液中油相颜色加深，水相呈浅棕黄色，乳状液为不稳定的水包油型乳状液。采出液出现严重乳化现象的绝大部分为中心井（18 口），乳化类型均为油包水型乳状液（表 4-33 和表 4-34）。

表 4-33　试验区部分乳化井基本情况表

序号	井号	乳化前含水 %	乳化时间	乳化期含水 %	乳化期结束含水 %	乳化期表面活性剂浓度 mg/L	乳化期碱浓度 mg/L	乳化期 pH 值
1	北 1-42-E63	92.6	2007 年 5—8 月	55.7	68.5	1.7	0	8.60
2	北 1-42-E65	92.0	2007 年 7 月—2009 年 6 月	56.0	62.1	0	0.01	7.88
3	北 1-44- 斜 E62	90.5	2007 年 4—10 月	45.2	79.6	1.7	0.01	8.40
4	北 1-51-E63	82.1	2007 年 4—9 月	47.7	75.5	3.4	0.02	7.99
5	北 1-55-E63	94.4	2007 年 12 月—2008 年 3 月	65.1	68.9	3.4	0	8.40

表 4-34　试验区部分乳化井黏度测定数据表

序号	井号	检测时间	乳化水比例，%	含水，%	黏度，mPa·s
1	北 1-42-E65	2009 年 1 月	60	63.4	266~487
2	北 1-44-SE62	2009 年 9 月	56.7	58.0	88~170
3	北 1-61-P245	2009 年 1 月	44.9	46.0	156~433

强碱三元复合驱乳状液转型点为含水 50% 左右，即在含水降至 50% 左右，采出液是 W/O 型乳状液，之后随含水回升，乳状液转型为 O/W 型。在转型点附近，可能会有多重

型乳状液出现；碱和表面活性物质的存在使乳化更易发生，由于活性物质在界面膜上吸附改变了界面膜的性质，对乳化的发生及乳状液类型产生了一定的影响。室内岩心驱油实验表明，乳化可以提高驱油效果，在有乳状液存在的情况下，三元复合驱可进一步提高采收率。

②部分井采出液可达到超低界面张力，三元复合体系中化学剂在油层中协同作用好。

试验区共有 44 口采出井的采出液能够达到低界面张力。36 口中心采油井中有 32 口采出液达到低界面张力，其中 28 口达到超低界面张力。从统计数据可以看出，达到低界面张力时采出液聚合物浓度大于 900mg/L，pH 值大于 9，表面活性剂平均浓度大于 100mg/L，CO_3^{2-} 浓度在 4000mg/L 以上。

根据现场采出液分析结果，室内模拟现场采出液化学剂浓度配制三元复合体系进行界面张力检测，所得结果与现场基本一致，试验区采出液保持低界面张力井数多，说明注入的三元复合体系在油层中发挥了较好的洗油作用（表 4-35 和表 4-36）。

表 4-35 试验区采油井采出液界面张力检测结果

界面张力分级	井数，口	比例，%	采聚浓度 mg/L	采表浓度 mg/L	CO_3^{2-} mg/L	pH 值	$HCO_3^-+OH^-$ mg/L
100	4	11.1	768	41	1620	9.75	3768
10~1	2	5.56	900	36	1519	9.4	3882
10~2	2	5.56	1059	108	4045	10.1	1372
10~3	13	36.1	996	165	6081	12.4	1540
10~4	15	41.7	1163	258	6061	11.3	1022

表 4-36 试验区室内模拟试验结果表

序号	表面活性剂 %（质量分数）	CO_3^{2-}，mg/L	$HCO_3^-+OH^-$，mg/L	pH 值	聚合物，mg/L	界面张力，mN/m
1	0.02	4000	0/1500	12.5	1000	3.49×10^{-3}
2	0.02	5000	0/500	11.8	1000	6.92×10^{-3}
3	0.02	4000	1500/0	10.5	1000	2.87×10^{-2}
4	0.02	5000	500/0	9.8	1000	5.45×10^{-3}

（6）采出井出现结垢，垢质成分以碳酸盐垢为主，后期出现硅酸盐垢。

北一区断东二类油层强碱三元复合驱共有机采井 63 口，在注入三元复合体系 0.162PV（2007 年 6 月）时采出井首次出现结垢，至化学驱结束累计有 50 口油井见垢（抽油机 26 口、螺杆泵 24 口），占总井数的 79.4%，其中中心井见垢井比例达到 98%，边井见垢井比例为 55.6%（表 4-37）。

表 4-37 试验区结垢情况统计表

统计时间	2007 年 6 月	2007 年 12 月	2008 年 12 月	2009 年 12 月	2010 年 12 月	2011 年 12 月
结垢井数，口	1	12	32	45	48	50
结垢井比例，%	1.6	19.0	50.8	71.4	76.2	79.4

从采出井的垢质成分变化划分为三个阶段：初期，以碳酸盐垢为主，碳酸钙含量76.9%，硅酸盐垢含量3.48%；中期，为混合垢，碳酸盐垢减少至49.42%，硅酸盐垢增加至18.08%；后期，为混合垢，碳酸盐垢减少至41.29%，硅酸盐垢增加至35.11%。垢的结构以结晶和堆积为主，随着三元复合驱采出液见化学剂浓度升高，采出液矿化度增加，成垢离子增加，结垢速度加快（表4-38）。

表4-38 试验区结垢井垢质成分情况表

阶段	总有机物，%	碳酸盐垢，%	硅垢，%
初期	1.61	81.84	2.84
	1.34	81.75	1.39
	14.12	67.28	6.21
中期	16.81	53.01	14.64
	17.71	45.84	21.52
后期	6.96	41.88	36.88
	9.82	40.7	33.34

试验区垢质成分以碳酸钙为主的原因：

①试验区CO_2含量高导致强碱不断消耗，由强碱环境转化为弱碱环境。

从图4-8中可以看出，二类油层不同区块的地层天然气中CO_2含量在1994年到2006年是逐年上升的。地层中CO_2的产生主要有四个方面的成因：地幔脱气作用形成、地壳岩石化学反应、碳酸盐岩受热分解和微生物的代谢增值。

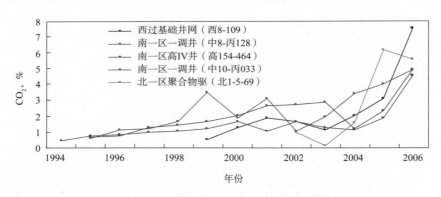

图4-8 不同区块地层CO_2含量变化曲线

在三元复合体系注入前期，采出端的碳酸氢根离子与碳酸根离子浓度不断上升，与此同时，该试验区的天然气中CO_2含量急剧减小，采出端迟迟未见氢氧根出现。分析其原因，主要是注入地层的氢氧化钠与地层中溶解的CO_2发生反应，不断消耗氢氧根，生成碳酸氢根离子与碳酸根离子。具体反应式如下：

反应方程式：$H_2O+CO_2 \longrightarrow H_2CO_3 \longleftrightarrow H^++HCO_3^-$

在注入碱液情况下：$OH^-+H^++HCO_3^- \longleftrightarrow HCO_3^-+H_2O$

再遇碱液：$HCO_3^- + OH^- \longrightarrow CO_3^{2-}+H_2O$

由于三元复合体系的不断注入，在碱性条件下，促使 CO_2 的溶解平衡向右移动，体系中的强碱不断地与之反应，直至 OH^- 耗尽，而 CO_2 在地层中建立新的溶解平衡。在三元复合体系注入过程中，可以看到 CO_2 含量在初期急剧下降后，一直处于较平稳的上下浮动状态（图 4-9），说明 CO_2 在不断消耗的同时也在不断生成，导致试验区采出液 OH^- 含量低。

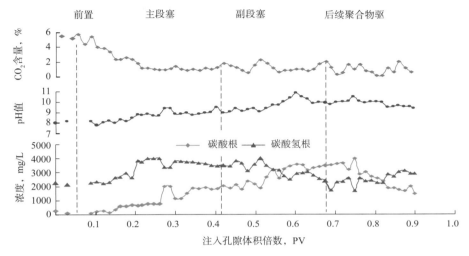

图 4-9　试验区采出 CO_2 含量与采出离子浓度对比曲线

②弱碱环境下采出液硅离子含量较低，垢质成分以碳酸盐垢为主。

由于试验区二氧化碳含量高，导致注入的强碱（NaOH）不断地被消耗，试验区为弱碱性环境，弱碱环境下三元复合体系对地层的溶蚀作用减弱，与南五区强碱三元复合驱试验区对比，采出液硅离子含量明显少（图 4-10），试验区出现硅垢机会减少。

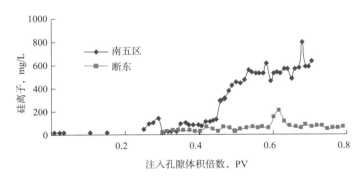

图 4-10　试验区与南五区硅离子变化曲线

另外，随着 pH 值的继续上升，在强碱作用下，硅离子浓度不断上升。当其浓度达到过饱和状态时，与碱发生反应，在采出端形成硅垢。

（7）及时有效的跟踪调整措施可以进一步改善试验效果。

针对试验区不同注入阶段注采井动态变化特点，初步形成了以压裂、调剖、分注、堵水等措施为主的跟踪调整技术，有效地保证了三元复合驱的开发效果（表 4-39）。

表4-39　不同开发阶段综合措施调整对策表

开发阶段	存在问题	调整措施	目标
见效下降期 （0~0.09PV）	（1）注入体系与油层不匹配。 （2）井间注入压力差异较大。 （3）注采能力不平衡	（1）注入参数调整。 （2）注入井高浓度段塞	平衡平面压力，促进井组见效
含水稳定期 （0.1~0.48PV）	（1）薄差油层动用差。 （2）注入困难。 （3）注入参数不合理。 （4）产液量低	（1）调整注入参数。 （2）注入井分层。 （3）注入井解堵。 （4）采油井压裂	调整剖面动用，保证产液能力
含水回升期 （0.49~0.70PV）	（1）注入困难。 （2）含水回升快，采剂浓度上升快	（1）注入参数调整。 （2）注入井分层。 （3）采油井堵水、堵压	改善剖面动用，减缓含水回升
后续聚驱 （0.71~0.89PV）	（1）采聚浓度高。 （2）井间提高采收率差异大。 （3）部分井含水高	（1）个性化调整。 （2）注入井深调	控制低效循环，提高经济效益
后续水驱 （0.90PV）	（1）采聚浓度高。 （2）井间提高采收率差异大。 （3）部分井含水高。 （4）增油量小	（1）深度调剖。 （2）调整注入参数。 （3）细分调整	改善剖面动用，防止注水突破

①聚合物调剖段塞有效平衡井间注入压力差异，改善了剖面动用状况。

试验目的层萨Ⅱ1~9以三角洲内前缘相沉积为主，平面相变较频繁，纵向交互分布，非均质性较强，井间和层间发育差异较大，导致试验区注化学剂溶液前井组间注入压力、剖面动用状况等存在较大的差异。从注化学剂溶液前试验区注入压力分级情况看，注入压力小于6MPa的有26口井，占全区开井数的53.1%，大于7MPa的井4口，占总井数的8.2%，井组间的注入压力差异较大；从分单元动用情况看，主要吸水层集中在以分流沙道砂体沉积为主的萨Ⅱ7、萨Ⅱ8$_1$和萨Ⅱ8$_2$单元，这三个沉积单元的平均渗透率均在0.750D以上，有效厚度动用比例分别为58.1%、84.4%和84.3%，三个沉积单元吸水量占总吸水量的84.2%。为此，在注入三元复合体系前，采用聚合物段塞调剖，调整注入压力、改善剖面动用，最大限度地发挥三元复合体系的作用。

一是平面注入压力差异大的矛盾得到缓解。注入聚合物前置段塞后，注入压力集中在7~9MPa之间的有37口，占总井数的75.5%。平面注入压力差值由水驱时的8MPa缩小到3.0MPa（表4-40）。

表4-40　前置聚结束时注入压力分级表

注入压力范围，MPa	< 7	7~8	8~9	≥ 9	合计
井数，口	8	19	18	4	49
井数比例，%	16.32	38.78	36.70	8.10	100.00
注入压力，MPa	6.53	7.5.0	8.45	9.70	7.88
平均单井配注量，m³/d	47.0	56.0	58.1	50.3	55.0
平均单井注水，m³/d	45.00	54.00	56.00	51.75	53.0

二是油层动用状况得到改善。从注聚前后吸水剖面对比来看，动用层数、厚度比例都得到提高，有效厚度动用比例从77.7%上升到86.3%，且不同厚度油层动用程度均有上

升。厚油层底部吸水比例由注聚合物前的83.6%下降到63.6%，厚油层底部突进的现象得到控制（表4-41）。

表4-41 不同厚度级别动用对比情况表

有效厚度分级 m	水驱阶段动用比例，%			注聚阶段动用比例，%		
	层数	砂岩	有效厚度	层数	砂岩	有效厚度
≥ 2.0	83.3	87.4	89.6	94.4	96.6	97.3
1.0~2.0	60.0	64.7	65.5	66.7	71.0	71.8
0.5~1.0	40.0	39.5	44.8	46.7	44.2	51.4
< 0.5	0	0	0	38.5	32.9	45.7
合计	49.2	72.9	77.7	63.9	82.2	86.3

②采取分注措施，试验区全过程保持了较高的动用程度。

针对试验区二类油层非均质性强，层间渗透率级差大，层间矛盾突出的状况。在三元复合体系注入阶段，对层间渗透率级差大于2.5、注入压力上升空间大于2MPa、层段吸水量差异大的井，采取分注措施，充分发挥各类油层的潜力。

试验区全过程共分层33口井，分注率达到了67.3%，采用小井段、小卡距细分调整，小层段内分层平均层段数为2.1个，层段内平均渗透率级差控制在1.6（表4-42）。

表4-42 试验区分层参数统计表

分类	项目	全区
井段	长度，m	30
分层井	分注率，%	67.3
	分层段，段	2~3
	平均层段数，段	2.1
	段内平均小层数，个	2.3
	段内平均渗透率级差	1.6
	段内平均渗透率变异系数	0.41
	段内平均有效厚度，m	3.5

试验区内33口注入井分注前后注入剖面资料对比结果，分注后平均动用层数比例为63.9%、有效厚度动用比例为82.5%，比分注前分别提高了5.2%和11.0%，其中1~2m油层动用程度改善明显，动用层数及动用厚度比例增加了25%（表4-43）。

表4-43 试验区分层前后动用情况对比表

有效厚度分级 m	分层前动用		分层后动用		差值	
	动用层数比例 %	动用厚度比例 %	动用层数比例 %	动用厚度比例 %	动用层数比例 %	动用厚度比例 %
≥ 2	81.1	80.2	86.5	90.8	5.4	10.6
1~2	45.8	49.1	70.8	74.1	25.0	25.0
< 1	43.2	48.7	36.1	37.0	−7.1	−11.6
合计	58.8	71.6	63.9	82.5	5.2	11.0

通过采取分注措施，试验区全过程油层动用程度保持在 80% 以上，其中有效厚度 1~2m 油层动用程度保持在 60% 以上；小于 1m 油层动用程度也能保持在 40% 以上。从分单元油层动用状况来看，试验区储量较大的萨Ⅱ2 和萨Ⅱ7~8 单元（储量占试验区 79.7%）的动用比例分别达到了 50% 和 90% 以上，较高的动用比例为试验区取得较好的开发效果提供了保证。

③适时采取压裂改造措施，可有效地减缓产液量下降、促进采油井见效，改善开发效果。

二类油层三元复合驱见效过程中，表现出随着含水的下降，产液量也随之大幅度下降。试验区中心井见效后日产液最大下降了 691t，下降比例达到了 30%。为了控制产液量大幅度下降，试验区全过程共压裂 61 井次，压裂比例达到了 96.8%，全区压裂累计增液 78.08×10⁴t，其中中心区压裂 40 井次，压裂比例达到了 111%，累计增液 51.2×10⁴t。

a. 压裂措施选井、选层原则及压裂方式的选择（表 4–44）。

表 4–44　压裂选井选层、压裂方式选择原则

项目	内　　容
选井原则	（1）根据动态资料确定压裂井：含水小于 84%、采聚浓度小于 1000mg/L、产液量低于 50t 及沉没度低于 200m；要有较高的地层压力，地层压力应接近或超过区块平均地层压力。 （2）根据试井资料确定压裂井：优选表皮系数为 –2~5.0，流动系数为 0~0.05；次选表皮系数为 –4~–2，流动系数为 0.05~0.1
选层原则	（1）根据动态资料确定压裂层：以产液剖面测试资料为主要依据，对于动用差、不出液的油层进行压裂改善动用状况，挖潜剩余油。 （2）根据静态资料确定压裂层：对于射开的坨状砂体、滞留区及中低渗透层，分析其在砂体中所处的部位，对处于主体变差部位的层，水淹程度相对较低的可以进行压裂改造
压裂方式	（1）对隔层厚度小于 2m，封隔器不能单卡的非均质薄互层应采取多裂缝压裂工艺。 （2）对高含水和低含水层交叉在一起的压裂段，无法单卡压裂的井，采用选择性压裂方式。 （3）对于油层性质相近，小层数较少的层段，一般采用短宽缝普通压裂方式
压裂工艺	耐碱树脂液固砂压裂工艺

b. 不同油层、不同连通类型压裂措施效果。

从试验区不同油层、不同连通类型措施效果看，压裂层为非河道砂，连通类型为非河道砂一类连通，措施效果最好，初期平均日增油 14.4t，平均有效期 461d，平均单井累计增油 3291t（表 4–45）。

表 4–45　中心井不同连通类型压力效果对比表

砂体连通	井次口	措施前			措施后			措施前后差值			有效期 d	单井累计增油量 t
		液，t	油，t	含水，%	液，t	油，t	含水，%	液，t	油，t	含水，%		
非河道一类	8	33	5.2	84.2	78	19.6	74.8	45	14.4	–9.4	461	3291
河道三类	16	34	7.8	77.3	74	22.6	69.7	40	14.8	–7.6	429	2707
非河道三类	12	27	3.7	86.3	57	10.7	81.2	30	7.0	–5.1	430	2511
河道一类	4	27	3.7	86.5	55	8	85.6	28	4.3	–0.9	272	790

c. 不同阶段压裂措施效果。

从试验区中心井不同注入阶段压裂效果对比来看，在含水下降期和稳定期压裂效果最好，含水下降期和稳定期压裂平均单井日增油分别为 7.1t 和 7.5t、含水分别下降了 4.8%

和 4.4%，措施有效期为 16 个月和 11 个月。增油降水效果远好于含水回升期压裂的效果
（表 4-46）。

表 4-46 中心区不同阶段压裂效果对比表

压裂时机	井次口	措施效果			有效期 mon	对采收率贡献值 %
		增液，t	增油，t	含水下降，%		
含水下降期	8	25	7.1	-4.8	16	0.8
含水稳定期	20	23	7.5	-4.4	11	1.6
含水回升期	12	36	4.6	-0.1	6	0.5
合计	40	28	6.1	-3.1	11	2.9

四、实际应用效益情况

"北一区断东二类油层强碱三元复合驱"试验区基建油水井 112 口，其中：油井 63
口、注入井 49 口，建成产能 9.26×10^4t。按最终含水达 98%，试验年限 2006 年至 2013
年，期限为 8 年。计算期内最高产量为 17.2×10^4t/a，计算期内累计生产原油 79.5×10^4t，
阶段采出程度为 33.0%（表 4-47）。

表 4-47 试验区开发数据表

项目	2006	2007	2008	2009	2010	2011	2012	2013	合计
年产液，10^4t	112.8	114.1	126.5	116.4	117.5	114.3	131	130	962.5
年产油，10^4t	6.4	16.0	17.2	13.7	10.2	8.3	4.5	3.2	79.5
年产水，10^4t	106.3	98.1	109.3	102.6	107.2	106.0	95.1	95.1	819.8
含水，%	94.3	86.0	86.4	88.2	91.3	92.7	96.9	97.7	
年注水，10^4m³	84	87.9	88.4	92.1	88.6	84.2	84.2	84.2	693.6

该项目总投资 101916.3 万元。按历年实际结算油价计算，税后财务内部收益率为
18.01%；油价按 65 美元 / 桶计算，税后财务内部收益率为 24.58%，高于 12% 的行业基
准收益率。三元复合驱经济效益可行，具有广阔的应用前景。

第二节 北二区西部二类油层弱碱三元复合驱矿场试验

为探索二类油层大幅度提高采收率技术，加快三元复合驱工业化进程，于 2005 年开
展了北二西二类油层弱碱体系三元复合驱矿场试验，经过 9 年攻关，试验中心井区最终提
高采收率 25 个百分点以上，明确了二类油层弱碱三元复合驱开采规律及调整方法，形成
了相关采油和地面配套工艺技术。

一、矿场试验的目的

2004 年在萨北开发区小井距试验区开展的萨 II 12 油层弱碱体系三元复合驱先导性
试验，取得了中心井提高采收率 20% 以上的好效果。北二区西部二类油层弱碱三元复合
驱矿场试验是继小井距试验后，进一步扩大弱碱化三元复合驱试验规模，探索合理的井

网、井距及层系组合方法，通过油藏、采油和地面工程三大系统联合攻关，研究在油层发育厚度和渗透率明显小于葡一组的萨尔图油层大幅度提高采收率的方法，力争形成一套适合萨北开发区二类油层的弱碱体系三元复合驱开发配套技术，为大庆油田可持续发展提供支撑。

二、试验区基本概况及方案实施

1. 试验区概况

1）试验区地质概况

北二区西部二类油层弱碱三元复合驱试验区位于萨北开发区北二区西部。北面以北 2– 丁 4 排为界，南面以北 1– 丁 1 排为界，西起北 2–5– 更 52 井，东至北 2–5–61 井（图 4–11）。

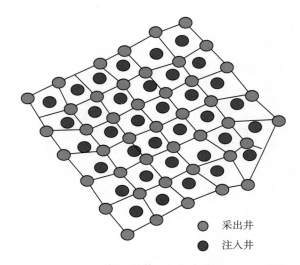

○ 采出井
● 注入井

图 4–11　北二区西部弱碱体系三元复合驱试验区井位图

试验区面积为 1.21km^2，地质储量为 116.31×10^{4}t，孔隙体积为 219.21×10^{4}m^3，采用 125m×125m 五点法面积井网，共有油水井 79 口，其中采油井 44 口（利用井 2 口），中心井 24 口，注入井 35 口。试验目的层为萨Ⅱ10–12 层，平均单井射开砂岩厚度为 8.1m，有效厚度为 6.6m，平均有效渗透率为 0.533D（表 4–48）。

表 4–48　试验区基本情况表

项目	全区	中心井区
面积，km^2	1.21	0.79
地质储量，10^{4}t	116.31	75.64
孔隙体积，10^{4}m^3	219.21	142.66
砂岩厚度，m	8.1	8.8
有效厚度，m	6.6	7.1
有效渗透率，D	0.533	0.529

2）开发简史

试验区自 1964 年基础井网萨尔图、葡萄花主力油层投入开发以来，先后经历了 3 次大的调整，共有 6 套井网（表 4-49）。

表 4-49 北二西三元复合驱试验区开发简况表

井网	开采层系	开采时间	注水方式	井排距离，m×m
基础井网	萨尔图主力油层	1964 年	行列井网	500×500
				600×500
	葡萄花主力油层		行列井网	900×500
				1100×500
一次加密	葡Ⅱ、高台子中、低渗透层	1981 年	反九点	250×300
二次加密	萨尔图薄差层	1994 年	反九点	250×250
	东块葡Ⅱ、高台子薄差层		五点法	
聚复合驱井网	葡Ⅰ组主力油层	1994 年	五点法	250×250
三元复合驱井网	萨Ⅱ10-12 油层	2005 年	五点法	125×125

1964 年基础井网萨尔图、葡萄花主力油层投入开发，萨尔图油层和葡萄花油层分两套层系，采用行列注水井网开发。萨尔图层系切割距 1.8km，第一排生产井排距 500~600m，井距 500m；第二排生产井排距 400m，井距 500m；生产井井位互相错开，注水井井距 300~400m；葡萄花加高台子层系切割距 2.8km，第一排生产井排距 900~1000m，井距 500m；第二排生产井排距 400~500m，井距 500m，注水井井距都为 400m，生产井井位互相错开。

1973—1976 年对萨尔图、葡萄花主力油层的中间井排进行点状注水和完善断层区块注采关系进行了注采系统调整。

1981 年针对基础井网部分油层动用状况较差的问题，对葡Ⅱ、高台子中、低渗透油层进行了一次加密调整，井间加井，排间加排，形成井距 250~300m 的不规则反九点法面积井网。

1986 年对基础井网、一次加密调整井网进行全面转抽。

1994 年对萨尔图、葡Ⅱ、高台子薄差层全面二次加密调整，其中萨尔图油层二次加密调整在全区进行，采用注采井距 250m×250m 反九点面积井网；对调整区东块葡Ⅱ、高台子油层二次加密调整仅在东块进行，采用注采井距 250m×250m 五点法井网。

1996 年对葡Ⅰ组主力油层进行了聚合物驱开采，其中北二西西块调整对象为葡Ⅰ1-4 油层，北二西东块调整对象为葡Ⅰ组油层，均采用注采井距 250m×250m 的五点法面积井网。

试验区内共有油水井 75 口（采油井 42 口，注水井 33 口），井网密度为 66.1 口/km²，其中水驱井 58 口（采油井 32 口，注水井 26 口），水驱井网密度为 51.1 口/km²；葡Ⅰ组聚合物驱井 17 口（采油井 10 口，注水井 7 口），聚合物驱井网密度为 15.0 口/km²。截至 2005 年 4 月（试验区投产前），试验区累计注水量为 2105.57×10⁴m³，累计产油量为 361.90×10⁴t，综合含水为 92.8%，采出程度为 39.84%，地层压力为 9.98MPa，总压差为 −1.01MPa，流动压力为 3.74MPa（表 4-50）。

表 4-50　试验区油水井开发数据表

井网	层系	注水井					采油井						
		总井数口	破裂压力 MPa	注入压力 MPa	日配注 m³	日实注 m³	总井数口	日产液 t	日产油 t	含水 %	流压 MPa	静压 MPa	总压差 MPa
基础井网	萨尔图	6	12.85	10.29	135	120	8	104.7	5.9	94.4	4.19	9.59	-1.07
一次加密	葡Ⅱ-高台子	5	14.01	13.48	82	65	7	41.4	4.0	90.3	3.14	9.74	-1.88
二次加密	萨尔图	8	12.34	11.95	80	77	9	28.6	3.1	89.2	2.53	7.94	-2.33
	葡Ⅱ-高台子	7	14.32	12.64	100	87	8	36.8	3.9	89.4	3.54	11.48	-0.04
	小计	15	13.26	12.27	89	82	17	32.5	3.5	89.3	3.01	9.61	-1.25
水驱合计		26	13.31	12.05	98	87	32	52.5	4.2	92.0	3.33	9.63	-1.34
聚合物驱井网	葡Ⅰ	7	13.75	12.30	115	88	10	84.6	4.8	94.3	5.06	11.09	-0.04
全区		33	13.40	12.10	102	87	42	60.1	4.3	92.8	3.74	9.98	-1.01

3）油层沉积特征及发育状况

（1）岩性、物性及流体性质。

北二区西部地形平坦，平均海拔高度为150m。区块位于大庆长垣萨尔图背斜构造北部的西侧，构造较为平缓，地层倾角为1°~3°，只发育一条断层，断点在嫩四段泥岩，对油层部位无影响。

试验区共发育萨尔图、葡萄花、高台子三套油层，细分为8个油层组、35个砂岩组、114个沉积单元，油层沉积环境为河流—三角洲沉积。据北2-21-检P51井和北2-350-检45井岩心资料分析，岩性以细砂岩、细粉砂岩和泥质粉砂岩为主，主要成分是石英和长石，以接触式、孔隙接触式胶结为主。胶结物主要为泥质，其次是碳酸盐，胶结物中黏土矿物的主要成分为高岭石，其次为伊利石，次生岩作用较弱（表4-51）。

表 4-51　试验区储层岩性、物性、含油性统计表

项目	平均空气渗透率 D	平均孔隙度 %	平均原始含油饱和度 %	粒度分析，%			分选系数	粒度中值 mm
				细砂	粉砂	泥质		
表内层	0.365	26.8	63.1	38.6	47.6	13.8	3.0	0.088
表外层	0.023	24.0	40.8	10.3	66.9	22.8	4.2	0.049

试验区原油具有含蜡量高、凝固点高和含硫量低的特点，地面原油相对密度为0.865左右，黏度为16.6~90.0mPa·s，地层原油黏度为8.2~10.4mPa·s，原油含蜡量为20.1%~32.0%，含硫量低于0.2%，凝固点为22~30℃，原始气油比为47.4~50.0m³/t，体积系数在1.12左右，饱和压力为9.77~10.69MPa，油层温度为43~48℃。天然气中甲烷含量为90.9%，属湿气型，并含有微量的硫、氮和二氧化碳（表4-52）。地层水属碳酸氢钠型，总矿化度在6000~8000mg/L（表4-53）。

表 4-52 试验区储层岩性、物性、含油性统计表

取样井号	饱和烃，%	芳烃，%	非烃，%	沥青，%	总烃，%
北 2-353-E66	68.4	13.9	10.6	7.1	82.3
北 2-350-E65	73.7	8.9	12.4	5.1	82.6
北 2-362-E65	73.5	10.1	12.1	4.4	83.6

表 4-53 北二西三元复合驱试验区水质检验报告

样品号	氢离子 mg/L	氢氧根 mg/L	碳酸根 mg/L	重碳酸根 mg/L	氯离子 mg/L	钙离子 mg/L	镁离子 mg/L	钠离子 mg/L	pH 值
北 13 联注入水	0.0	0.0	136.8	2170.4	677.4	36.1	7.3	1337.3	8.5
北 2-363-E65	0.0	0.0	159.0	2540.0	743.0	23.0	6.1	1550.0	8.4
北 2-354- 斜 E66	0.0	0.0	68.4	2114.7	651.4	34.1	10.9	1107.7	8.4

（2）沉积特征。

试验区萨Ⅱ油层组属于河流—三角洲沉积，其中萨Ⅱ9—萨Ⅱ13+14b 分为 6 个沉积单元，即萨Ⅱ9、萨Ⅱ10+11a、萨Ⅱ10+11b、萨Ⅱ12、萨Ⅱ13+14a、萨Ⅱ13+14b。萨Ⅱ9 单元为三角洲内前缘相枝坨过渡状砂体，试验区目的层的 3 个沉积单元萨Ⅱ10-萨Ⅱ12 均属低弯曲分流平原相沉积，萨Ⅱ13+14a 单元为三角洲内前缘相枝状砂体，萨Ⅱ13+ 萨Ⅱ14b 单元为三角洲内前缘相坨状砂体（表 4-54）。

表 4-54 北二区西部萨二组油层组沉积特征表

序号	沉积类型	层号	层数
1	三角洲枝坨过渡状砂体	萨Ⅱ9	1
2	低弯曲分流平原相砂体	萨Ⅱ10+11a、萨Ⅱ10+11b、萨Ⅱ12	3
3	三角洲内前缘枝状砂体	萨Ⅱ13+ 萨Ⅱ14a	1
4	三角洲内前缘坨状砂体	萨Ⅱ13+ 萨Ⅱ14b	1

①试验区萨Ⅱ10+11a 单元属低弯曲分流平原相沉积，位于分流平原的主体河道砂内，河道规模与完钻前基本相当，呈现分流河道的南北水流方向性，河间砂呈珠状分布。平均砂岩厚度为 2.47m，有效厚度为 1.92m，渗透率为 423mD。河道砂的钻遇率为 59.64%，较试验井完钻前降低了 0.36 个百分点，河间砂体的钻遇率为 28.31%，较试验井完钻前增加了 6.09 个百分点。零星分布的河间砂面积小，分布不规则，这类砂体普遍是砂体变差部位而不是砂泥岩薄差层。2 口试验井（北 2-360-E69、北 2-360-E61）钻遇表外，3 口试验井（北 1-310-E64、北 2-361- 检 E68、北 2-363-E67）在该层钻遇尖灭。

②试验区萨Ⅱ10+11b 与萨Ⅱ10+11a 单元沉积特征相似，发育在低弯曲分流平原相河道砂的主体部分，河道内连续性较萨Ⅱ10+11a 单元好，试验区中部偏北的部分是砂体连片最好的。平均砂岩厚度为 2.49m，有效厚度为 2.08m，渗透率为 504mD。河道砂的钻遇率为 67.47%，较萨Ⅱ10+11a 单元多出了 7.83 个百分点，河间砂体的钻遇率为 23.49%。试验区内平面相变剧烈，河道的复合带内有多处河间砂，发育有多处决口。2 口

试验井（北 2–362–E64、北 2–60–450）钻遇表外，4 口试验井（北 2–354–E60、北 2–354–E61、北 2–361–E62、北 2–353–E64）钻遇尖灭。

③试验区萨Ⅱ12 单元依然属低弯曲分流平原相沉积，河道沉积是试验区 3 个目的层河道砂分布最厚的，大部分地区为大中型的分流河道，具有向东砂体变厚的明显趋势，砂体的连通性较好。平均砂岩厚度为 2.70m，有效厚度为 2.29m，渗透率为 570mD，河道砂的钻遇率为 73.49%，较萨Ⅱ10+11a 和萨Ⅱ10+11b 单元均高，河间砂的钻遇率为 18.67%。仅在西北部的边缘出现小片河间沉积，其他部位河道规模较大，河间砂零星分布其中，且河间砂多数是砂体变差部分而不是砂泥薄互层的沉积。2 口试验井（北 2–352–E61、北 2–360–E61）钻遇表外砂岩，3 口试验井（北 2–354–E61、北 2–361–E62、北 2–360– 斜 E62）钻遇尖灭。

④萨Ⅱ13+14a 单元属于内前缘相枝状三角洲砂体沉积，试验区内只有一条约 200m 宽的小型河道沉积，河道砂体呈不规则条带、枝状分布，总体上显示出南北走向，河道砂体规模较小。河道砂的钻遇率为 22.89%，河间砂的钻遇率为 15.66%，尖灭的钻遇率达到了 46.99%。试验区在河道发育处萨Ⅱ12 层下切萨Ⅱ13+14a 单元，有两个井组射开了萨Ⅱ13+14a 层，射孔统计的平均有效厚度为 1.74m，渗透率为 660mD，其中包括了一个以注水井北 2–360– 斜 E66 为中心的完整井组。

从上述各试验层的沉积特征看出，试验区目的层的油层发育状况较试验区周围和上下油层要好，其中，萨Ⅱ12 单元河道砂发育最厚、连续性最好，各单元河道砂钻遇率较试验井完钻前都有所降低，但是砂体的发育形态井网加密前后变化不大。

（3）油层发育状况。

萨北开发区萨Ⅱ组油层以分流平原和三角洲内前缘沉积为主，试验目的层萨Ⅱ10–12 与主力油层相比，储层发育状况较主力油层明显变差，但是试验区位于分流平原相河道的复合带，河道砂体的规模相对较大，砂岩厚度为 7.66m，有效厚度为 6.29m，渗透率为 500mD，其中河道砂有效厚度为 5.45m，渗透率为 530mD，占有效厚度的 86.6%。

从试验区新井油层发育情况统计可看出，加密后统计的试验区河道砂钻遇率为 66.87%，河间砂钻遇率为 23.49%，表外和尖灭的钻遇率为 9.63%，较加密前河道砂的钻遇率降低了 3.5%，河间砂的钻遇率增加了 6.08%，表外和尖灭的钻遇率降低了 2.08%。同时从渗透率的数据也可以看出，萨Ⅱ12 层的渗透率大于萨Ⅱ10+11b 层，萨Ⅱ10+11b 层的渗透率大于萨Ⅱ10+11a 层，表现了明显的从上到下渗透率增加的特征（表 4–55）。

表 4–55　北二区西部弱碱三元复合驱试验区单砂层钻遇情况统计

层位		河道砂			河间砂			表外		尖灭
		厚度 m	渗透率 D	钻遇 %	厚度 m	渗透率 D	钻遇 %	厚度 m	钻遇 %	钻遇 %
加密前	萨Ⅱ10+11a	1.51	0.463	60.00	0.21	0.191	22.22	0.09	13.33	4.44
	萨Ⅱ10+11b	1.88	0.347	70.00	0.20	0.170	18.89	0.03	7.78	3.33
	萨Ⅱ12	2.28	0.501	81.11	0.07	0.234	11.11	0.03	5.56	2.22
	合计	5.67	0.440	70.37	0.48	0.188	17.41	0.14	8.43	3.33

层位		河道砂			河间砂			表外		尖灭
		厚度 m	渗透率 D	钻遇 %	厚度 m	渗透率 D	钻遇 %	厚度 m	钻遇 %	钻遇 %
加密后	萨Ⅱ10+11a	1.59	0.460	59.64	0.32	0.232	28.31	0.05	8.43	3.61
	萨Ⅱ10+11b	1.78	0.532	67.47	0.30	0.320	23.49	0.02	4.82	4.22
	萨Ⅱ12	2.07	0.581	73.49	0.23	0.427	18.67	0.02	4.22	3.61
	合计	5.42	0.530	66.87	0.85	0.315	23.49	0.09	5.82	3.81

新钻井的连通状况统计数据表明，试验区连通关系以四向连通为主，占总连通方向的90.3%。河道与河道的连通比例除萨Ⅱ10+11a低于50%，萨Ⅱ10+11b、萨Ⅱ12达50%以上，三个油层的河道与非河道的连通比例均在20%以上，非河道与非河道的连通比例在10%左右，不连通的比例较低；厚度连通关系的统计结果要好于方向的连通比例（表4-56和表4-57）。

表4-56　北二区西部弱碱三元复合驱试验区全区新钻油水井连通方向统计

层位	无连通 %	二向连通, %		三向连通, %				四向连通, %			
		河—非	合计	河—河	河—非	非—非	合计	河—河	河—非	非—非	合计
萨Ⅱ10-11a	4.2	—	—				—	47.9	37.5	10.4	95.8
萨Ⅱ10-11b	4.2			1.0	2.1		4.2	60.4	21.9	9.4	91.7
萨Ⅱ12	—	2.1	4.2	7.3	2.1		12.5	54.2	20.8	8.3	83.3
合计	2.8	0.7	1.4	2.8	1.4	—	5.6	54.2	26.7	9.4	90.3

表4-57　北二区西部弱碱三元复合驱试验区全区新钻油水井连通厚度统计

层位	无连通 %	二向连通, %		三向连通, %				四向连通, %			
		河—非	合计	河—河	河—非	非—非	合计	河—河	河—非	非—非	合计
萨Ⅱ10-11a	2.1	—	—	—	—	—	—	60.9	31.5	5.5	97.9
萨Ⅱ10-11b	2.1	—	—	1.1	1.3		2.9	73.3	17.4	4.4	95
萨Ⅱ12	—	0.5	0.6	8.6	0.5		10.9	60.2	19.8	8.5	88.5
合计	1.3	0.2	0.2	3.4	0.6		4.8	64.5	23	6.2	93.7

通过76口新井测井解释资料绘制的渗透率分布统计结果，在层数和厚度两个方面的统计分析均表明，试验区小层的渗透率主要分布在100~500mD和900~1000mD两个区域，50%的累计层数和累计厚度的渗透率小于400mD，这也表明试验区试验目的层在纵向上和平面上非均质程度较高（图4-12）。

根据试验区内新老井隔层发育状况统计结果，试验区萨Ⅱ9与萨Ⅱ10+11a之间大于2.0m的岩性、物性隔层比例分别为68.4%和76.7%。萨Ⅱ9与萨Ⅱ10+11a之间小于0.5m的物性隔层主要分布在北2-352-E62、北2-丁5-P39和北2-354-E64井围成的区域内。

萨Ⅱ10–12 砂岩组内的萨Ⅱ10+11a 与萨Ⅱ10+11b、萨Ⅱ10+11b 与萨Ⅱ12 大于 2.0m 的岩性、物性隔层均在 40% 以内，组内跨层较多，分隔不明显。隔层厚度大于 1m 的井数有 21 口，大于 2m 的井有 10 口，且多为生产井。试验区萨Ⅱ12 与萨Ⅱ13+14a 之间的岩性、物性大于 2.0m 的隔层比例分别为 61.4% 和 64.8%。试验区萨Ⅱ12 与萨Ⅱ13+14a 之间小于 0.5m 的物性隔层成条带分布在北 2– 丁 4–P48 至北 2–50–549 至北 2–6–49 至北 1–310–E66 之间（表 4–58）。

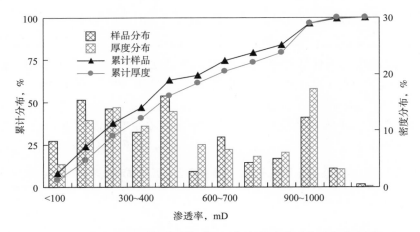

图 4–12　北二区西部弱碱体系三元复合驱试验区渗透率分布图

表 4–58　北二西二类油层弱碱三元复合驱试验区隔层分布统计表

隔层厚度分级 m	萨Ⅱ9—萨Ⅱ10+11a		萨Ⅱ10+11a—萨Ⅱ10+11b		萨Ⅱ10+11b—萨Ⅱ12		萨Ⅱ12—萨Ⅱ13+14a	
	岩性, %	物性, %	岩性, %	物性, %	岩性, %	物性, %	岩性, %	物性, %
≥ 2.0	68.4	76.7	31.1	40.8	24.5	33.5	61.4	64.8
≥ 1.5	74.3	80.6	34.5	43.0	28.6	36.2	66.5	68.4
≥ 1.0	83.3	87.1	40.5	47.6	34.2	40.3	73.5	74.5
≥ 0.5	88.6	90.3	52.7	55.3	45.1	48.1	78.6	78.9

4）剩余油分布特点

（1）水淹状况分析。

①密闭取心分析。

北二西完钻的密闭取心井萨Ⅱ10–12 层水洗状况统计结果表明，萨Ⅱ10+11 层由于受油层发育的影响，部分地区水洗程度较差，还有 75% 的油层处于弱、未水洗状态，部分地区油层发育好，注采关系完善，弱、未水洗的比例仅为 30%，而萨Ⅱ12 层油层发育较好，经过长期注水开发水洗程度较高，中、强水洗比例达到了 70% 以上。试验区 2005 年新钻的密闭取心北 2–361– 检 E68 井试验层全层见水，层内水洗比例为 65.58%，中、强水洗厚度比例为 47.23%，弱水洗厚度比例为 18.36%，未水洗厚度比例为 34.42%，由于该检查井萨Ⅱ10+11a 钻遇尖灭，萨Ⅱ10+11b 又处于河道沉积的边部，因此，中、高水洗层段主要在萨Ⅱ12 层（表 4–59）。

表 4-59 萨北北二区检查井试验层岩心水洗状况统计

井号	小层号	砂岩厚度 m	水洗状况											采出程度 %
			强水洗		中水洗		弱水洗		水洗合计		未水洗	弱未合计		
			比例 %	驱油效率 %	比例 %	驱油效率 %	比例 %	驱油效率 %	比例 %	驱油效率 %	比例 %	比例 %		
北 2-350- 检 45（2002 年）	萨Ⅱ10+11a	1.8	14.36	61.04	7.18	49.38	21.55	31.74	43.09	44.45	56.91	78.45		20.94
	合计	1.8	14.36	61.04	7.18	49.38	21.55	31.74	43.09	44.45	56.91	78.45		20.94
北 2-362- 检 P25（2004 年）	萨Ⅱ10+11b	6.6	41.88	70.44	29.46	44.85	3.82	30.47	75.16	58.38	24.84	28.66		40.25
	萨Ⅱ12	1.5	18.26	60.44	60.00	47.08	14.78	28.60	93.04	46.76	6.96	21.74		44.10
	合计	8.1	38.22	69.70	34.19	45.46	5.52	29.70	77.93	56.23	22.07	27.59		40.84
北 2-361- 检 E68（2005 年）	萨Ⅱ10+11b	2.9			13.27	36.31	29.25	22.23	42.52	26.62	57.48	86.73		13.89
	萨Ⅱ12	2.6	25.33	60.21	65.50	43.99	4.37	24.21	95.20	47.40	4.80	9.17		45.32
	合计	5.5	11.09	60.21	36.14	42.4	18.36	22.44	65.58	39.83	34.42	52.77		27.65

②新井测井解释。

根据新钻加密井的水淹层测井解释分析，萨Ⅱ10+11a 层的高水淹比例仅为 8.90%，低、未水淹比例高达到 44.08%，平均含水饱和度仅为 43.27%；萨Ⅱ10+11b 层的高水淹比例也仅为 27.07%，中水淹比例最大，达到了 53.64%，平均含水饱和度为 54.70%；萨Ⅱ12 层的高水淹比例却高达了 51.78%，平均含水饱和度为 71.70%，而低、未水淹比例仅为 14.21%。从上述数据可以看出，试验区剩余油的潜力在纵向上主要分布在萨Ⅱ10+11a、萨Ⅱ10+11b 等两个层内（表 4-60）。

表 4-60 北二区西部三元试验区新钻井水淹状况统计 　　　　　单位：%

层位	高水淹				中水淹				弱、未水淹			
	有效厚度			含水饱和度	有效厚度			含水饱和度	有效厚度			含水饱和度
	< 0.5m	≥ 0.5m	小计		< 0.5m	≥ 0.5m	小计		< 0.5m	≥ 0.5m	小计	
萨Ⅱ10+11a	0.25	8.65	8.90	65.14	4.51	42.51	47.02	53.75	10.41	33.67	44.08	43.27
萨Ⅱ10+11b	1.43	25.64	27.07	67.65	3.55	50.09	53.64	54.70	4.73	14.56	19.29	44.11
萨Ⅱ12	3.98	47.79	51.78	71.70	3.55	30.52	34.02	55.71	2.74	11.46	14.21	44.40
合计	1.99	28.42	30.42	69.58	3.80	40.50	44.35	54.66	5.79	19.45	25.24	43.70

③动态监测统计。

统计试验区 2005 年 21 口开采萨尔图油层基础井的剖面资料，萨二组、萨三组油层的动用程度为 80% 左右，其中有效厚度小于 0.5m 的薄差油层和表外层动用比例较低，薄差层动用比例在 70% 左右，有效厚度大于 1m 油层动用程度达到 90% 以上（表 4-61）。

表 4-61　北二西二类油层动态监测的动用状况统计（2005 年）

有效分级 m	萨Ⅱ组			萨Ⅲ组		
	层数比例，%	砂岩，%	有效厚度，%	层数比例，%	砂岩，%	有效厚度，%
（+∞ 2.0）	95.5	94.4	95.7	93.3	92.9	93.2
（1，2）	91.9	91.5	93.0	90.4	90.1	90.2
（0.5，1）	80.3	84.3	83.9	81.1	83.9	84.1
（-∞，0.5）	67.2	70.3	71.1	70.3	69.9	72.5
表外	43.5	45.1		41.3	43.2	
合计	75.5	77.5	86.4	74.2	75.1	84.2

　　试验区新钻井的空白水驱阶段的吸水、产液剖面统计表明，油层纵向吸水不均匀，层间差异大。3 个目的层的吸水量、吸水厚度比例向下依次变大。试验区萨Ⅱ10+11a 层的吸水层数和厚度比例均在 60% 附近，吸水量比例为全井的 20%，萨Ⅱ12 层的两者比例均高达 90% 以上，吸水量比例达到了总水量的近 50%。通过近三年的水驱空白开采，监测的吸水剖面发生了较大的变化，表现为上部吸水情况逐步变差，下部吸水量增加。试验区产液剖面统计结果表明，产液层数、厚度比例相对均匀，产液量与吸入剖面统计结果基本相当，向下依次增高（表 4-62 和表 4-63）。

表 4-62　北二西三元复合驱试验区注水井油层动态监测的动用状况统计

层位	2006 年同位素			2007 年同位素			2008 年相关流量		
	层数比例 %	厚度比例 %	吸水量比例 %	层数比例 %	厚度比例 %	吸水量比例 %	层数比例 %	厚度比例 %	吸水量比例 %
萨Ⅱ10+11a	61.8	64.3	21.7	68.9	70.9	19.1	60.3	58.2	16.4
萨Ⅱ10+11b	79.4	82.3	33.8	91.2	93.2	32.7	94.9	94.9	34.5
萨Ⅱ12	92.7	92.0	44.5	93.1	94.4	48.3	100.0	100.0	49.1
小计	74.1	79.4	100.0	83.0	85.7	100.0	82.67	83.5	100.0

表 4-63　北二西三元复合驱试验区采油井油层动态监测的动用状况统计

层位	2006 年			2007 年			2008 年		
	层数比例 %	厚度比 %	吸水量比 %	层数比例 %	厚度比 %	吸水量比 %	层数比例 %	厚度比 %	吸水量比 %
萨Ⅱ10+11a	100.0	98.3	17.7	89.7	89.7	11.6	88.2	92.0	21.8
萨Ⅱ10+11b	92.4	94.8	29.3	100.0	100.0	25.0	97.6	97.9	23.7
萨Ⅱ12	92.9	92.4	53.0	100.0	100.0	63.4	89.7	94.0	54.5
小计	95.0	95.0	100.0	96.2	96.2	100.0	91.3	94.4	100.0

　　（2）剩余油分布及成因。

　　根据北二西二类油层精细地质解剖及动静态资料分析，将试验区剩余油按成因归纳为五种类型：井网控制不住型剩余油，这类剩余油比例砂岩厚度占 20.3%，有效厚度占 22.2%；河道正韵律顶部剩余油，这类剩余油比例较大，砂岩厚度占 50.9%，有效厚度占 52.6%；河道砂内零星心滩型剩余油，这类剩余油比例砂岩厚度占 6.9%，有效厚度占 5.7%；河道边部席状砂中的剩余油，这类剩余油比例砂岩厚度占 11.3%，有效厚度占 9.7%；成片分布的差油层剩余油，这类剩余油比例砂岩厚度占 10.6%，有效厚度占 9.8%（图 4-13）。

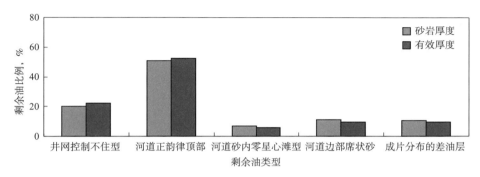

图 4-13　北二西二类油层剩余油类型分布图

综合以上研究表明，二类油层经过四十年的注水开发已层层见水，其水洗厚度比例达到 70% 以上，水洗段驱油效率在 50% 左右，还有不足 30% 的厚度处于弱未水淹状态。剩余油潜力分布较为零散，平面上主要分布在原井网控制程度低，注采不完善造成动用较差或不动用的部位，以及老井网的采油井排附近，纵向上多集中在厚油层顶部的低、未水淹段内。

2. 试验区的方案实施情况

1）试验区设计方案

（1）水驱空白阶段。

（2）前置聚合物段塞：注入聚合物溶液 0.0375PV，聚合物浓度为 1350mg/L，体系黏度为 45mPa·s。

（3）三元复合驱主段塞：注入三元复合体系 0.35PV，Na_2CO_3 浓度质量分数为 1.2%，石油磺酸盐表面活性剂浓度质量分数为 0.3%，聚合物浓度为 1750mg/L，体系黏度为 45mPa·s。

（4）三元复合驱副段塞：注入三元复合体系 0.20PV，Na_2CO_3 浓度质量分数为 1.0%，石油磺酸盐表面活性剂浓度质量分数为 0.1%，聚合物浓度为 1750mg/L，体系黏度为 45mPa·s。

（5）后续聚合物保护段塞：注入聚合物溶液为 0.25PV，聚合物浓度为 1350mg/L，体系黏度为 45mPa·s。

（6）后续水驱至含水 98%。

2）方案实施情况

试验区于 2005 年 11 月 26 日开始空白水驱，2008 年 10 月 24 日注入前置聚合物段塞，2009 年 3 月 30 日投注三元复合体系主段塞，2011 年 5 月 6 日注入三元复合体系副段塞，2012 年 3 月 14 日至 2013 年 4 月 12 日注入后续聚合物保护段塞，2013 年 4 月 13 日至 2014 年 5 月 31 日注入后续水驱。化学驱累计注入化学剂溶液 212.02×10⁴m³，相当于地下孔隙体积倍数 0.9672PV（表 4-64）。全区累计产油 45.01×10⁴t，阶段采出程度为

38.70%。中心井区累计产油 $26.6283 \times 10^4 t$，阶段采出程度为 35.20%，化学驱提高采收率为 25.46%（图 4-14）。

表 4-64　三元复合驱试验区注入方案及执行情况表

阶段	注入方案					方案执行情况					注入孔隙体积倍数 PV
	注入速度 PV/a	聚合物 mg/L	碱 %	表面活性剂 %	注入孔隙体积倍数 PV	时间	注入速度 PV/a	聚合物 mg/L	碱 %	表面活性剂 %	
空白水驱	0.24				0.060	2005.11.26—2008.10.23	0.24				0.7236
前置聚合物段塞	0.24	1350			0.038	2008.10.24—2009.3.29	0.20	1350			0.0801
三元复合体系主段塞	0.24	1750	1.2	0.3	0.350	2009.3.30—2011.5.5	0.16~0.26	1750~1980	1.2	0.3	0.4284
三元复合体系副段塞	0.24	1750	1.0	0.1	0.200	2011.5.6—2012.3.13	0.25	1940~1980	1.0	0.1	0.2203
后续聚合物保护段塞	0.24	1350			0.250	2012.3.14—2013.4.12	0.23	1500			0.2384
化学驱合计	0.24				0.838		0.24				0.9672

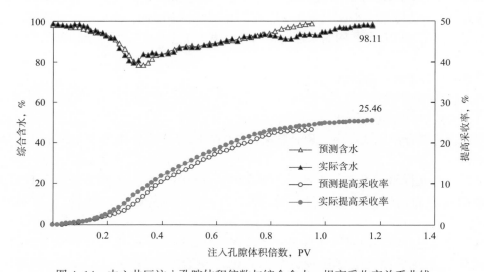

图 4-14　中心井区注入孔隙体积倍数与综合含水、提高采收率关系曲线

（1）空白水驱阶段。

2005 年 11 月 29 日至 2008 年 10 月 23 日注入空白水驱，累计注水 $158.63 \times 10^4 m^3$，占地下孔隙体积的 0.7236PV。水驱结束时，全区注入井平均注入压力为 5.92MPa，日注量为 1440m³，注入速度为 0.24PV/a，视吸入指数为 $0.78m^3/(d \cdot m \cdot MPa)$；全区累计产油 $7.06 \times 10^4 t$，阶段采出程度为 6.07%，日产液 2904t，日产油 44t，综合含水为 98.45%；中心井区累计产油 $4.6742 \times 10^4 t$，阶段采出程度为 6.18%，日产液 2073t，日产油 27t，综合含水为 98.76%。

（2）前置聚合物段塞阶段。

试验区于 2008 年 10 月 24 日至 2009 年 3 月 29 日注入前置聚合物段塞，注入聚合

物溶液 $17.57 \times 10^4 m^3$，占地下孔隙体积的 0.0801PV。前置聚合物段塞结束时，注入井日注量为 $1144 m^3$，注入速度为 0.20PV/a，平均注聚合物浓度为 1261mg/L，注入黏度为 22mPa·s，平均注入压力为 8.17MPa，与水驱对比注入压力上升 2.25MPa，上升幅度为 38.0%，视吸入指数为 $0.64 m^3/(d·m·MPa)$，与水驱相比下降幅度 17.9%；全区累计产油 $7.60 \times 10^4 t$，阶段采出程度 6.54%，日产液 2242t，日产油 33t，综合含水为 98.53%；中心井区累计产油 $5.09 \times 10^4 t$，阶段采出程度为 6.74%，阶段提高采收率为 0.56%，日产液 1675t，日产油 24t，综合含水为 98.57%。

（3）三元复合体系主段塞阶段。

试验区于 2009 年 3 月 30 日至 2011 年 5 月 5 日注入三元主段塞，主段塞注入三元复合体系为 $93.90 \times 10^4 m^3$，占地下孔隙体积的 0.4284PV。三元复合体系主段塞结束时，注入井日注量为 $1680 m^3$，注入速度为 0.26PV/a，平均注聚合物浓度为 1748mg/L，注碱浓度质量分数为 1.2%，注表面活性剂浓度质量分数为 0.3%，体系黏度为 58mPa·s，平均注入压力为 9.41MPa，与水驱相比上升了 3.49MPa，上升幅度为 59.0%，视吸入指数为 $0.73 m^3/(d·m·MPa)$，与水驱相比下降幅度为 6.4%；全区累计产油 $24.62 \times 10^4 t$，阶段采出程度为 21.17%，日产液 2639t，日产油 390t，综合含水为 85.23%；中心井区累计产油 $16.537 \times 10^4 t$，阶段采出程度为 21.86%，阶段提高采收率为 15.68%，日产液 1799t，日产油 229t，综合含水为 87.29%。

（4）三元复合体系副段塞阶段。

2011 年 5 月 6 日至 2012 年 3 月 13 日注入三元副段塞。副段塞注入三元复合体系 $48.2920 \times 10^4 m^3$，占地下孔隙体积的 0.2203PV。副段塞结束时，注入井日注入量为 $1639 m^3$，注入速度为 0.25PV/a，平均注聚浓度为 1983mg/L，注碱浓度质量分数为 1.0%，注表面活性剂浓度质量分数为 0.1%，体系黏度为 60mPa·s，平均注入压力为 10.28MPa，与水驱相比上升了 4.36MPa，上升幅度 73.7%，视吸入指数为 $0.65 m^3/(d·m·MPa)$，与水驱相比下降幅度为 16.7%；全区累计产油为 $33.53 \times 10^4 t$，阶段采出程度为 28.83%，日产液 2657t，日产油 250t，综合含水为 90.59%；中心井区累计产油 $21.1641 \times 10^4 t$，阶段采出程度为 27.98%，阶段提高采收率为 21.80%，日产液 1607t，日产油 110t，综合含水为 93.15%。

（5）后续聚合物保护段塞阶段。

2012 年 3 月 14 日至 2013 年 4 月 12 日注入后续聚合物保护段塞。后续保护段塞注入聚合物溶液为 $51.73 \times 10^4 m^3$，占地下孔隙体积的 0.2384PV。后续聚合物保护段塞结束时，注入井日注入量为 $1460 m^3$，注入速度为 0.23PV/a，平均注聚合物浓度为 1366mg/L，体系黏度为 61mPa·s，平均注入压力为 10.12MPa，与水驱相比上升了 4.2MPa，上升幅度为 70.95%，视吸入指数为 $0.61 m^3/(d·m·MPa)$，与水驱相比下降幅度为 19.7%；全区累计产油 $41.48 \times 10^4 t$，阶段采出程度为 35.66%，日产液 2165t，日产油 183t，综合含水为 91.55%；中心井区累计产油 $25.04 \times 10^4 t$，阶段采出程度为 30.81%，提高采收率为 24.63%，日产液 1363t，日产油 91t，综合含水为 93.35%。

（6）后续水驱。

2013 年 4 月 13 日至 2014 年 5 月 31 日注入后续水驱。后续水驱阶段累计注水 $42.72 \times 10^4 m^3$，占地下孔隙体积的 0.2046PV。后续水驱结束时，注入井平均注入压力为 7.91MPa，日注入量为 $1160 m^3$，注入速度为 0.19PV/a；全区累计产油 $45.01 \times 10^4 t$，阶段采出程度为 38.70%，日产液 1162t，日产油 41t，综合含水为 96.44%；中心井区累计产油 26.63 × 10⁴t，阶段采出程度为 31.64%，提高采收率为 25.46%，日产液 869t，日产油 20t，综合含水为 97.96%（图 4-15 和图 4-16）。

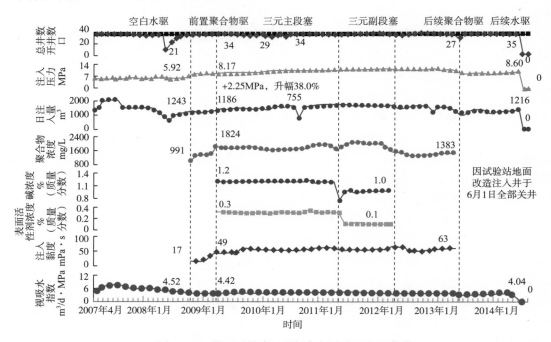

图 4-15　北二西弱碱三元复合驱试验区注入曲线

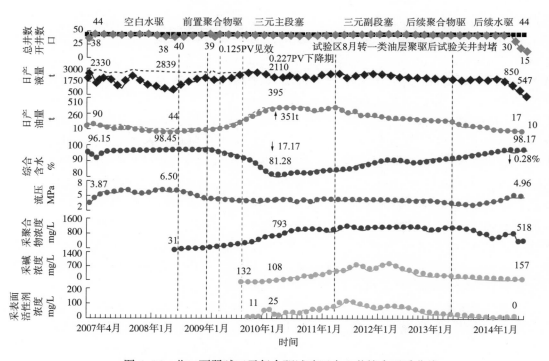

图 4-16　北二西弱碱三元复合驱试验区中心井综合开采曲线

三、试验取得的成果及认识

（1）125m井距适合二类油层弱碱三元复合驱开发。

① 125m井距聚合物驱控制程度高、提高采收率幅度大。

研究表明，随着井距缩小，聚合物驱控制程度不断提高。在注采井距125m条件下，聚合物驱控制程度可达到90.02%，较150m井距条件下提高4.39个百分点；"河道—河道"的一类连通率达到82.33%，较150m井距条件下提高6.7个百分点。此后，随着井距进一步缩小，聚合物驱控制程度和"河道—河道"的一类连通率提高幅度变小（表4-65）。

表4-65　不同井距条件下河道砂钻遇率及聚驱控制程度统计表　　　　单位：%

单元	150m			125m			106m		
	河道砂钻遇率	聚合物驱控制程度	"河道—河道"一类连通率	河道砂钻遇率	聚合物驱控制程度	"河道—河道"一类连通率	河道砂钻遇率	聚合物驱控制程度	"河道—河道"一类连通率
萨Ⅱ10+11a	78.42	78.47	72.05	82.40	83.16	77.19	84.81	84.85	80.19
萨Ⅱ10+11b	88.91	92.04	83.24	90.40	94.62	85.95	91.90	95.94	87.45
萨Ⅱ112	79.85	86.68	74.11	83.30	89.74	79.07	85.43	91.32	81.05
萨Ⅱ10-12	82.39	85.63	75.63	85.63	90.02	82.33	87.38	90.70	82.43

② 125m井距可以建立起有效的驱动压力体系。

随着化学剂溶液不断注入，试验区注采大压差逐渐增大。空白水驱阶段，试验区注采大压差为8.02MPa，前置聚合物段塞为8.93MPa，三元复合体系主段塞为12.44MPa，三元复合体系副段塞阶段为13.17MPa，注采大压差逐渐增大表明三元复合驱驱油能量逐步增强（图4-17）。另外，从压力梯度对比结果来看，125m井距北二西三元复合驱的压力梯度是250m井距北三西三元复合驱压力梯度的2倍以上（图4-18）。

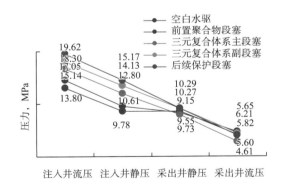

图4-17　北二西弱碱三元复合体系注采大压差曲线

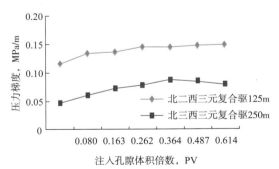

图4-18　不同井距驱动压力梯度曲线

（2）2500万分子量聚合物石油磺酸盐弱碱三元体系适合二类油层开发。

①岩心流动实验表明注入2500万分子量聚合物可实现80%以上储量动用。

聚合物分子量与可通过油层的最低渗透率呈线性关系，按照经验公式2500万分子量通过岩心最低渗透率应为230mD（图4-19），试验区渗透率小于200mD油层厚度占累计厚度的 15.84%，可以实现 80% 以上的储量动用。岩心驱替实验也表明，2500 万分子量聚合物可以很好通过（图 4-20）。

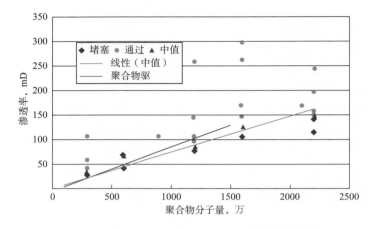

图 4-19　三元体系分子量和油层渗透率关系

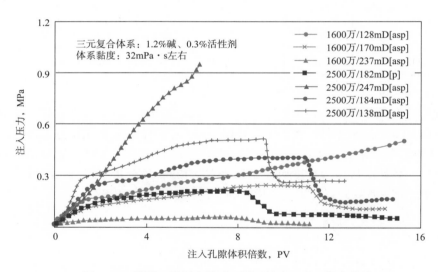

图 4-20　弱碱三元复合体系不同天然岩心注入能力曲线

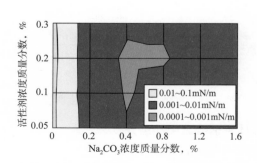

图 4-21　石油磺酸盐弱碱三元复合体系界面活性图

② 2500 万分子量聚合物与石油磺酸盐弱碱三元复合体系具有较宽的超低界面张力范围，且界面张力稳定性好。

2500 万分子量聚合物弱碱三元复合体系在碱浓度质量分数为 0.18%~1.6%、表面活性剂浓度质量分数为 0.05%~0.3% 的较宽范围内达到 10^{-3}mN/m 超低界面张力（图 4-21），且现场检测合格率达到 100%，界面张力 90d 后仍能达到超低，黏度保留率在 60.0% 以上，稳定性较好（图 4-22）。

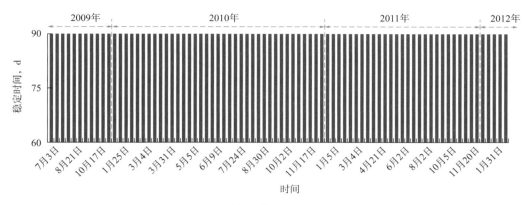

图 4-22　弱碱复合体系界面张力稳定性图

（3）弱碱三元复合驱具有较强的注采能力。

①弱碱三元复合驱压力上升幅度高于聚合物驱，低于强碱三元复合驱。

北二西弱碱三元复合驱试验区化学驱注入压力平稳上升，三元主段塞平均注入压力为10.03MPa，与空白水驱相比上升了4.11MPa，升幅为69.42%，注入压力最大上升幅度为72.6%，北一断东强碱三元复合驱注入压力最大上升幅度为110.2%，北二西聚合物驱注入压力最大上升幅度为58.5%，弱碱三元复合驱注入压力最大升幅低于强碱三元复合驱38.6个百分点，高于聚合物驱13.1个百分点。

②弱碱三元复合驱视吸入指数下降幅度低于聚合物驱和强碱三元复合驱，具有较强的注入能力。

北二西弱碱三元复合驱视吸入指数最大下降幅度为23.08%，北一断东强碱三元复合驱视吸入指数最大下降幅度为58.60%，北二西聚合物驱视吸入指数最大下降幅度为59.00%，弱碱三元复合驱视吸入指数最大降幅较强碱三元复合驱和聚合物驱分别低35.52个百分点和35.92个百分点（图4-23）。

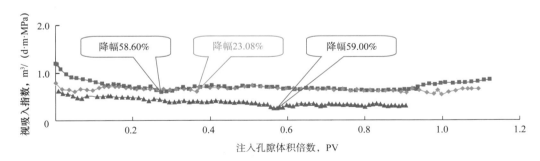

图 4-23　不同区块视吸入指数对比曲线

③三元复合驱后渗流阻力增大，三元复合体系控制油水流度比能力逐渐增强。

北二西试验区三元复合驱阶段阻力系数升高，从试验区的霍尔曲线上看，空白水驱阶段曲线的回归斜率为0.1197，前置聚合物驱阶段斜率为0.2266，注入三元复合体系主段塞阶段斜率上升至0.2284，阻力系数（$R'f$）由1.89上升至1.91，说明三元复合体系控制油水流度比、扩大波及体积的能力增强，起到了提高采收率的作用（图4-24）。

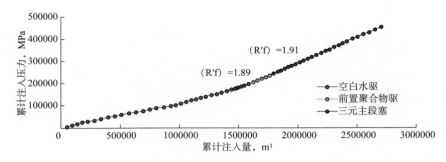

图 4-24　北二西弱碱三元复合驱霍尔曲线

④弱碱三元复合驱产液量降幅低于聚合物驱及强碱三元复合驱。

北二西弱碱三元复合驱的无量纲产液量为 0.87，北一断东强碱三元复合驱的无量纲产液量为 0.80，北二西聚合物驱的无量纲产液量为 0.67，弱碱三元复合驱的无量纲产液量高于强碱三元驱和聚合物驱，说明其产液能力较强。

⑤弱碱三元复合驱产液指数降幅低于聚合物驱和强碱三元复合驱。

北二西弱碱三元复合驱产液指数最大下降幅度为 31.31%，北一断东强碱三元复合驱产液指数最大下降幅度为 50.55%，北二西聚合物驱产液指数最大下降幅度为 48.68%，弱碱三元复合驱产液指数最大降幅较强碱三元复合驱和聚合物驱分别低 19.24 个百分点和 17.37 个百分点（图 4-25）。

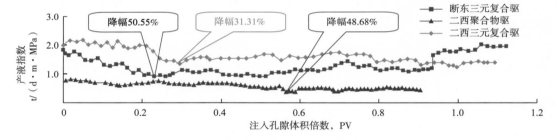

图 4-25　不同驱替方式产液指数对比曲线

（4）弱碱三元复合驱增油降水效果显著。

①弱碱三元复合驱的含水降幅及提高采收率与强碱三元复合驱相当，高于聚合物驱。

北二西弱碱三元复合驱中心井含水最大降幅为 19.06 个百分点，比北二西聚合物驱和强碱三元复合驱分别多下降 7.56 个百分点和 1.57 个百分点，最终提高采收率为 25.46%，相同 PV 数（0.9672PV）下与强碱三元复合驱相当，较北二西聚合物驱高 10.75 个百分点（表 4-66）。

表 4-66　不同区块含水最大降幅和提高采收率对比　　　　单位：%

试验区	含水变化		提高采收率变化	
	含水最大降幅	差值	提高采收率	差值
北二西三元复合驱	19.06		25.46	
北二西聚合物驱	11.50	7.56	14.71	10.75
强碱三元复合驱	17.49	1.57	28.19	-2.73

②弱碱三元复合驱见效高峰期采油速度是强碱三元复合驱和聚合物驱的1~2倍。

北二西弱碱三元复合驱中心井区在注入化学剂溶液初期，日产油没有明显变化，进入见效期后，日产油开始持续增加，在化学剂溶液注入0.29PV（2010年5月）时进入高峰期，采油速度为11.81%，北一断东强碱三元复合驱的最高采油速度为9.49%，北二西聚合物驱的最高采油速度为5.44%，见效高峰期弱碱三元复合驱的采油速度是强碱三元复合驱的1.24倍，是聚合物驱的2.17倍。

③弱碱三元驱见效高峰期增油倍数是强碱三元复合驱和聚合物驱的2.5~6.5倍。

北二西弱碱三元复合驱见效高峰期日增油295t，增油倍数为9.93，北一断东强碱三元复合驱的最大增油倍数为3.70，北二西聚合物驱的最大增油倍数为1.53，见效高峰期弱碱三元复合驱的增油倍数是强碱三元复合驱的2.68倍，是聚合物驱的6.49倍。

④弱碱三元驱高峰期单位厚度增油量是强碱三元驱和聚合物驱的2倍。

北二西弱碱三元复合驱单位厚度月增油最高为41.01t/m，北一断东强碱三元复合驱单位厚度月增油最高为29.35t/m，北二西聚合物驱单位厚度月增油最高为24.53t/m，见效高峰期弱碱三元复合驱的单位厚度月增油是强碱三元复合驱的1.40倍，是聚合物驱的1.67倍。

（5）影响弱碱三元复合驱效果因素分析。

统计全区44口采油井见效情况表明，含水下降幅度大于30个百分点以上的采油井有19口，占总井数比例43.18%，综合含水曲线形态为"U"形，特点是见效时间早，含水下降幅度大，低值期长，含水回升速度缓慢。这类井油层发育、含油饱和度、一类连通厚度比例高于全区水平，高水淹比例低于全区水平，周围注入井油层发育好，连通好。注入化学剂后井组注、采剖面调整明显。含水降幅在20~30个百分点采油井有11口，占总井数比例为25.0%，综合含水曲线形态为"一"形，特点是见效时间早，含水下降幅度小于"U"形井，低值期长，含水回升速度缓慢。这类井油层发育、一类连通厚度比例与全区水平相当，渗透率、含油饱和度低于全区水平，高水淹比例略高于全区水平，周围注入井油层发育好，连通好，剖面调整明显。含水降幅小于20个百分点采油井有14口，占总井数比例31.82%，综合含水曲线形态为"V"形或"W"形，特点是含水下降幅度小，低值期短，含水回升速度快，经过调整部分井呈多次见效趋势。这类井油层发育、含油饱和度、一类连通厚度比例均低于全区水平，高水淹比例高于全区水平，周围注入井油层发育较差，连通较差。根据单井组见效特点，将影响弱碱三元复合驱采油井见效效果的因素进行分析归类。

①三元复合驱有效厚度应大于6m。有效厚度与单井日产油变化图表明，当有效厚度小于6m时，日产油较低，为1.5t左右；厚度在6~8m时，油井日产油为5t；厚度大于8m，油井的日产油大部分高于8t。说明油层厚度是影响产能的主要因素之一，三元复合驱有效厚度应大于6m（图4-26）。

②一类连通厚度比例应在60%以上。提高采收率与一类连通厚度关系图表明，一

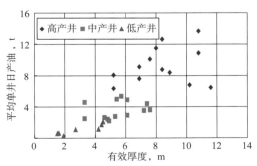

图4-26　有效厚度与平均单井日产油量关系图

类连通厚度比例大于 60% 的井提高采收率大多数在 20% 以上 [图 4-27 (c)]。

③单层渗透率级差应在 4 以下。渗透率级差是对弱碱三元复合驱驱油影响的主要因素，当层间渗透率级差较小时，渗透率相对较低的小层在驱油过程中能够建立较高的驱动压差，从而得到有效动用；随着渗透率级差的增大，相对低渗透率层受中高渗透层的层间干扰加剧，驱动压差迅速降低，使其无法得到有效动用，从而影响最终采收率，提高采收率与渗透率级差关系图中可以明显看出，渗透率级差越小，三元复合驱效果越好。为保证提高采收率 20% 以上，单层渗透率级差应在 4 以下。

④含油饱和度越高，试验效果越好，为保证提高采收率 20% 以上，含油饱和度应大于 40%（图 4-27）。

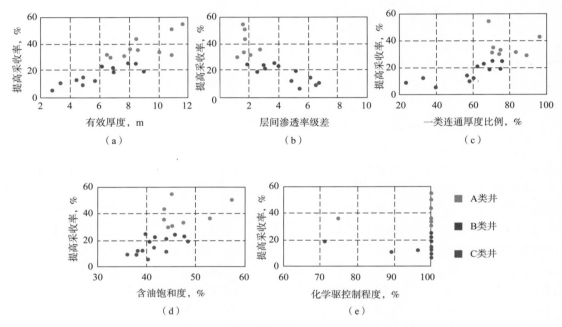

图 4-27 提高采收率与各类参数关系图

综合以上分析，影响采油井见效效果的因素为，提高采收率大于 30 个百分点以上的采油井，其有效厚度应大于 6m，层间渗透率级差要小于 2，一类连通厚度比例大于 70%，含油饱和度大于 45.0%；提高采收率 20~30 个百分点的采油井，其有效厚度应大于 6m，层间渗透率级差在 2~4 之间，一类连通厚度比例在 60%~70%，含油饱和度大于 40%~45%，提高采收率小于 20 个百分点的采油井，其有效厚度小于 6m，层间渗透率级差大于 4，一类连通厚度比例小于 60%，含油饱和度小于 40%（表 4-67）。

表 4-67 影响弱碱三元复合驱采油井见效效果因素表

提高采收率，%	有效厚度，m	层间渗透率级差	一类连通厚度比例，%	含油饱和度，%
≥ 30	≥ 6	≤ 2	≥ 70	≥ 45
20~30	≥ 6	2~4	60~70	40~45
< 20	< 6	> 4	< 60	< 40

（6）及时有效的个性化调整是取得较好效果的保证。

北二西试验区油层层系单一、井距小、平面和层内矛盾大、采油井见效后受效不均匀。9年来，针对化学驱不同见效阶段的主要矛盾，以精细地质研究成果为基础，结合单井组特点，借助动、静态资料，适时实施各种有针对性的个性化跟踪调整，形成了弱碱三元复合驱注入方案调整、油水井压裂和注入井分层等综合调整技术（表4-68），取得了显著的效果，保证了弱碱三元复合驱的高效开发。

表4-68　弱碱三元复合驱不同开发阶段综合调整对策表

开发阶段	存在问题	调整措施	调整目的
未见效期 （0~0.1246PV）	（1）井间压差较大； （2）注采能力不平衡	（1）注入方案调整； （2）高浓度段塞调剖	（1）保证注入质量； （2）均衡压力系统； （3）平衡注采关系； （4）调整吸入剖面
含水下降期 （0.1246~0.2269PV）	（1）注入压力不均衡，整体水平较低； （2）含水下降缓慢； （3）层间矛盾大	（1）注入方案调整； （2）注入井解堵； （3）注入井分层	（1）调整吸入剖面； （2）改善注入状况； （3）调整层间矛盾； （4）促进油井见效
含水低值期 （0.2269~0.6990PV）	（1）部分采油井产液量下降； （2）采油井见效不均匀	（1）注入方案调整； （2）注入井压裂； （3）采油井压裂； （4）深度调剖； （5）采油井堵水	（1）增强注采能力； （2）扩大增油效果； （3）调整层内矛盾； （4）控制含水回升
含水回升期 （0.6990PV~结束）	（1）含水回升速度快； （2）采出化学剂浓度上升快	（1）注入方案调整； （2）深度调剖； （3）注入井压裂； （4）采油井压裂	（1）减缓含水回升； （2）控制低效循环； （3）改善油水剖面； （4）调整层内矛盾

未见效期重点是做好注入体系质量的跟踪调整，保证注入质量方案符合率达到95.0%以上；加强注入井跟踪调整，保证压力系统均衡性；实施注入井注化学剂前期调剖，改善油层动用状况。一是针对注入井注入压力不均衡，部分采油井流压高、油层动用差异大的情况，在保证注入质量的同时，以调整注采平衡和均衡压力系统为主，共实施注入参数提速、提浓调整68井次。二是为更好地均衡井间注入压力和改善吸入剖面的不均匀，注前置聚合物段塞前期选择试验区7口注入井采用高浓度聚合物调剖。调整后注入井注入强度由5.38m³/（d·m）上升到5.87m³/（d·m），注入浓度由1350mg/L上升到1835mg/L，注入压力由5.92MPa上升到8.15MPa。

含水下降期重点是实施个性化方案调整，促使采出井均衡受效；实施注入井分层，改善油层动用状况。一是针对注入压力整体水平仍较低和采油井含水下降缓慢的井区，在进一步均衡井间压力和平衡注采关系的基础上，开展以调整吸入剖面和促进油井见效为主的综合调整。共调整注入井61井次。二是针对含水下降期，注入井吸入状况和采油井受效状况，在注入压力有余地的前提下，对满足条件的4口注入井进行分层。调整后注入井注入压力整体水平上升了0.93MPa，吸入状况得到改善，吸入层数和厚度比例分别由调整前的78.95%和81.16%增加到82.30%和82.54%，分别增加了3.35个百分点和1.38个百分点，全区采油井月含水下降速度由 0.23% 上升到 0.73%。

含水低值期是采油井见效的关键期，重点是尽最大可能延长采油井低值期稳定时间。一是针对采油井产液量下降和受效不均匀的情况，开展调整平面矛盾和进一步扩大驱油效果为主的综合调整。共实施注入参数调整 148 井次。二是选择平面、层内矛盾突出的 5 口注入井进行耐碱聚合物微球 + 凝胶调剖，以控制注入溶液低效无效循环，促进采油井均衡受效。三是开展油水井压裂，增强注采能力，扩大试验效果。通过以上调整，含水低值期注入压力持续缓慢上升，注入压力上升到 10.16MPa，与水驱相比上升了 4.24MPa，上升幅度为 71.62%。视吸入指数基本稳定，保持在 0.65~0.73m³/（d·m·MPa）之间。综合含水大幅下降至最低点，中心井区最低点含水下降到 79.70%，与空白水驱相比，综合含水下降了 19.06 个百分点，低值稳定期达到 25 个月，产油量也达到峰值，中心井区高峰期采油速度为 12.95%，增油 9.93 倍。产液指数快速下降至最低点 1.36t/（d·m·MPa），降幅 31.31%，并通过调整、压裂等措施回升至 1.55t/（d·m·MPa）左右，保持稳定。

含水回升期一是针对试验区存在部分井区注入压力不均衡、平面矛盾大，部分采油井含水回升速度快、见剂浓度高等问题，开展以减缓含水回升速度和控制化学剂突进为主的综合调整。共实施注入方案调整 75 井次。二是为减缓层间矛盾，控制含水回升，选择层间矛盾突出，周围采油井含水回升快的 6 口注入井进行体膨颗粒 + 复合离子凝胶调剖。三是油水井压裂增强注采能力，扩大试验效果。试验区注入井在含水回升期压裂 9 口井。通过以上调整，含水回升期注入压力继续缓慢上升到后续聚合物保护段塞结束，注入压力最高上升到 10.80MPa，与水驱相比上升了 4.88MPa，上升幅度为 82.43%。视吸入指数略有下降，保持在 0.54~0.67m³/（d·m·MPa）之间。综合含水开始缓慢回升，期间通过综合调整措施呈二次见效，但受到井距小、层数少影响，时间较短。产油量逐渐下降，但采油速度仍然保持在 5% 左右。产液指数稳定在 1.40~1.5t/（d·m·MPa）左右。

（7）注入三元复合体系后油层动用状况得到明显改善，驱油效率提高。

试验区主、副和后续聚合物保护段塞阶段，吸入层数比例分别比水驱增加 6.76 个百分点、11.32 个百分点和 13.53 个百分点，吸入厚度比例分别比水驱增加 6.65 个百分点、9.01 个百分点和 11.57 个百分点，无反转现象（表 4–69）。尤其是有效渗透率小于 0.1D 的差油层吸入厚度比例比水驱增加 12.3 个百分点（图 4–28），有效厚度小于 1.0m 的薄油层吸入厚度比例比水驱增加 18.4 个百分点（图 4–29）。

表 4–69　北二西试验区不同沉积单元吸入状况变化情况表　　　　单位：%

层位	空白水驱			主段塞			副段塞			后续保护段塞		
	层数比例	厚度比	吸水量比	层数比例	厚度比	吸水量比	层数比例	厚度比	吸水量比	层数比例	厚度比	吸水量比
萨Ⅱ10+11a	50.00	54.29	13.8	62.50	67.03	19.44	82.89	79.06	23.92	85.53	81.89	27.71
萨Ⅱ10+11b	88.46	94.45	40.58	95.65	99.60	36.13	92.31	94.07	35.23	94.87	97.46	33.27
萨Ⅱ12	100.00	100.00	45.63	100.00	100.00	44.43	95.83	96.59	40.85	97.22	98.03	39.02
合计	78.95	81.16	100.00	85.71	87.81	100.00	90.27	90.17	100.00	92.48	92.73	100.00

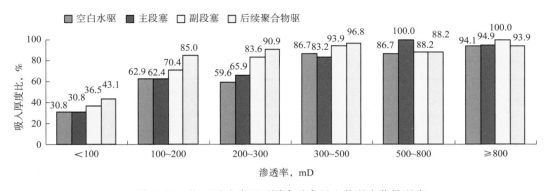

图 4-28 北二西试验区不同渗透率吸入状况变化情况表

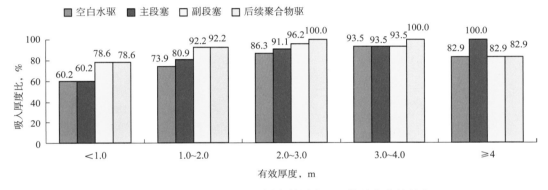

图 4-29 北二西试验区不同有效厚度吸入状况变化情况表

采油井采出原油的饱和烃含量由水驱时 63.22% 下降到 58.03%，非烃含量由水驱时 16.93% 上升到 23.30%，原油重质组分增加，表明采出水驱难以动用的剩余油，三元复合驱驱油效率得到提高（表 4-70）。

表 4-70 原油物性变化表

时间	饱和烃，%	芳烃，%	总烃，%	非烃，%	沥青质，%	灰分，%	平均分子量，g/mol
空白水驱	63.22	19.85	83.07	16.93	1.03	0.02	398.2
前置段塞	59.91	19.04	78.95	21.05	0.63	0.04	412.8
三元复合驱	58.03	18.67	76.70	23.30	0.48	0.05	422.2

（8）采出液出现乳化，化学剂没有出现明显的色谱分离，三元复合体系协同作用较好。

①采油井乳化现象明显，乳状液稳定，乳化采油井含水下降幅度大。

在三元复合体系注入 0.27PV 时，采出液出现乳化，注入 0.35PV 时，采出液中无游离水，整个乳化过程为 0.1~0.14PV。出现乳化采油井含水下降幅度比未出现乳化采油井含水下降幅度大 15~25 个百分点以上，乳化严重采油井含水比乳化轻采油井含水多下降 12 个百分点。乳化液类型均为油包水型（表 4-71）。乳化周期分为五个时期，即乳化初期、乳化中期、乳化严重期、乳化稳定期和乳化后期。从乳化液黏度看，随着采油井含水的下降，采出液中游离水变少，在乳化严重期，采出液中无游离水，黏度最高。从乳化后采油井含水来看，随着乳化现象出现，采油井含水开始大幅度下降，乳化稳定期含水下降到最低，乳化后期随着采油井含水上升，黏度下降。

表 4–71　采油井乳化情况统计表

井号	井数，口	比例，%	乳化原油黏度 mPa·s	平均粒径 μm	含水下降幅度 %	乳化持续时间 PV	乳化类型
未乳化井	22	50			18.04		
乳化轻井	16	36.4	60.5	8.90	32.6	0.10	油包水
乳化严重井	6	13.6	100.9	13.77	44.6	0.14	油包水

②试验区见碱和表面活性剂时间差异小，协同作用好。

化学剂溶液注入 0.0640PV 时开始见聚合物，注入 0.1921PV 和 0.2209PV 时开始见碱和见表面活性剂，见碱和表面活性剂的时间差仅为 0.0288PV，时间差异较小，表明三元复合体系在地下具有较好的协同效应（图 4–30）。

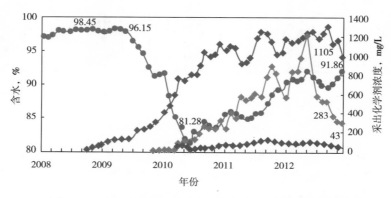

图 4–30　北二西试验区含水与采出化学剂浓度变化曲线

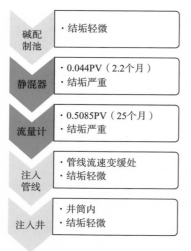

图 4–31　注入端流程结垢
示意图

（9）弱碱三元复合驱结垢弱于强碱三元复合驱。

①注入端各部位结垢情况（图 4–31）。

试验区注入三元复合体系 0.044PV（2.2个月）时，静态混合器首先出现结垢现象，垢质大量淤积在静态混合器内，垢样呈土黄色，结构松散（图 4–32 和图 4–33），主要成分为碳酸钙。

试验区注入三元复合体系 0.5085PV（25个月）时，在三元复合体系流量计处出现了较为严重的结垢现象，大量垢质淤积在流量计入口处，与静态混合器内的垢样相似，垢样也呈土黄色，结构松散（图 4–34），主要成分为碳酸钙及有机物。

2011 年先后对 2 口注入井 3 处注入管线开天窗，即注入管线地面上过桥部分、注入站出口处和注入井井口附近，结果在注入站出口和注入井井口附近地下管线无明显的结垢现象，仅在地面管线过桥处，因体系流速突变，有结垢现象，垢样呈黄褐色，质地坚硬（图4-35），主要成分为碳酸钙及有机物。

图4-32　静态混合器

图4-33　静混器内部件

图4-34　三元复合体系流量计

图4-35　注入管线

试验区注入井北2-354-SE69井在作业过程中发现在井下管柱上也出现了轻微的结垢现象，为黄褐色黏稠垢样，主要成分为碳酸钙和有机物，还有部分铁离子（表4-72）。

表4-72　注入端各部位垢样成分表　　　　　　　　　单位：%

取样部位	钙	镁	铁	钠	钾	硅	有机物
静态混合器	86.80	4.95	0.91	0.29	0.46	5.60	0.39
流量计	56.84	0.67	1.03	2.68	0.14	3.81	34.83
注入井管线	67.29	3.43	1.97	0.27	0.02	1.17	23.12

②弱碱三元复合驱结垢机理。

由于三元复合体系中弱碱 Na_2CO_3 的引入，造成 CO_3^{2-} 和 HCO_3^- 浓度增加，在搅拌、振荡以及温度升高的情况下，有利于 CO_2 释放，使产生 $CaCO_3$ 沉淀的可能性增加，化学反应式（4-1）和式（4-2），不断析出 $CaCO_3$ 沉淀，是现场试验注入系统生成 $CaCO_3$ 垢的主要原因。

$$Ca^{2+}+CO_3^{2-} \longrightarrow CaCO_3 \qquad\qquad (4-1)$$

$$Ca^{2+}+2HCO_3^- \longrightarrow CaCO_3+CO_2+H_2O \qquad\qquad (4-2)$$

通过热力学、结晶动力学、流体动力学因素研究（图4-36至图4-39），结垢主要是由温度、压力等热力学条件改变引起的，垢的形成过程可简单表示为：水溶液→过饱和溶液→晶体析出→晶体生长→结垢。

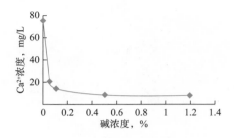

图4-36　碱浓度对结垢的影响

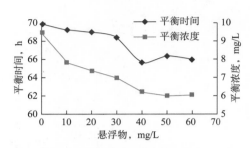

图4-37　悬浮物含量对结垢的影响

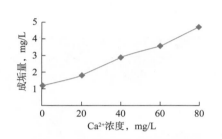

图4-38　钙离子浓度对结垢的影响

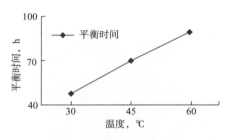

图4-39　温度对结垢的影响

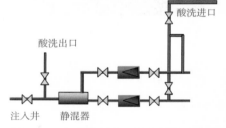

图4-40　三元体系注入站在线清洗流程
　　　　示意图

③注入端清垢方法。

北二西注入端采用了拆洗及在线清洗相结合的清垢措施，即对结垢严重的静态混合器部位采用定期拆洗措施，对于其他部位采用在线清洗措施（图4-40），并优化出不同部位最佳清洗周期为45~60d，保证了三元体系的正常注入（图4-41和图4-42）。

（a）洗前

（b）洗后

图4-41　静态混合器清洗前后状况

（a）洗前　　　　　　　　　　　（b）洗后

图 4-42　流量计清洗前后状况

④采出端各部位结垢情况。

北二西弱碱三元复合驱共有注入井 35 口，采油井 44 口，采出井中抽油机 22 口，螺杆泵 21 口，智能提捞抽油机 1 口。自 2009 年 3 月注三元复合体系以来，共计 21 口采油井见垢，其中抽油机 16 口井，螺杆泵 5 口，占油井总数的 48%。结垢井数及比例远远低于弱碱（图 4-43）。

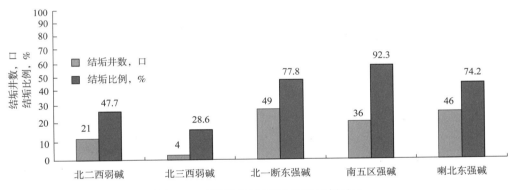

图 4-43　不同区块结垢井数及比例对比

北二西弱碱三元复合驱试验区注入三元复合体系 0.389PV（19.5 个月）时，采油井出现结垢卡泵现象，采油井的井筒内壁垢样为致密黄色垢，泵阀内垢样分两层，内层致密、外层疏松，泵筒内垢样为疏松的黑褐色（图 4-44 和图 4-45）。垢样主要成分为碳酸钙，含有硅不溶物和有机物（表 4-73）。

图 4-44　泵内阀结垢　　　　　　　　图 4-45　剖开的油管内壁

表 4-73　北二西弱碱三元复合驱试验区采出端垢样成分表　　　单位：%

取样部位	钙	镁	铁	钠	钾	硅	有机物
井筒	43.40	2.55	0.03	0.18	0.18	15.03	34.64
泵体	90.06	3.40	0.04	0.24	0.21	1.58	4.47

⑤建立了弱碱三元复合驱采油井结垢判别图版，形成了弱碱三元复合驱举升工艺配套技术。

弱碱三元复合驱结垢采油井与其采出化学剂和离子浓度有关，通过对试验区内采油井采出液离子浓度变化情况，总结出弱碱三元复合驱各阶段结垢规律，编制了 2 个结垢判别图版，对北二西 41 口井进行了结垢判别（图 4-46），图版 1 是在 pH 值不小于 8.0、CO_3^{2-} 不小于 300mg/L 时为结垢区，图版 2 是 CO_3^{2-} 不小于 300mg/L，Ca^{2+}、Mg^{2+} 在下降阶段，浓度和大于 60mg/L 时为结垢区，其中 2 口井不符合，符合率为 95.2%，只有在用两种图板同时判断不结垢时，油井才判定为不结垢。

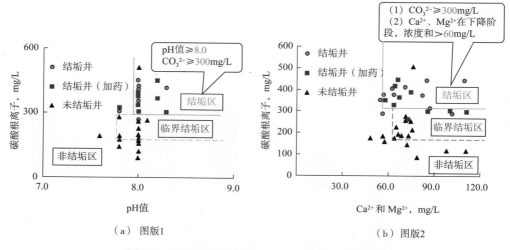

图 4-46　北二西弱碱三元试验区结垢判别双图版

弱碱三元复合驱采出端除防垢从最初的"物理防垢为主，化学清垢为辅"，转变为"化学防垢为主，物理防垢为辅"的综合措施，形成了弱碱三元复合驱举升防垢的最佳组合措施为：抽油机采用化学加药 + 长柱塞防垢泵 + 酸洗清垢；螺杆泵采用化学加药 + 加粗杆径 + 小过盈螺杆泵。见到了很好的效果，全过程机采井检泵周期达到 474d，比同期强碱高 174d 以上，达到聚驱水平。

第三节　北三东西块弱碱三元复合驱工业性示范区

为了研究二类油层石油磺酸盐弱碱体系三元复合驱油技术经济效果及完善相关配套工艺技术，在纯油区东部选择油层发育具有代表性的北三东西块，开辟一定井数规模的示范区。历时 7 年攻关，示范区实现了全区核实提高采收率 22.32 个百分点，预计最终提高采收率 23 个百分点以上，建立了适合萨北开发区油藏特点的技术标准和管理规范。为二类油层经济有效开发、大幅度提高采收率及油田可持续发展提供更为有效的接替技术。

一、示范区目的

2005 年，在萨北开发区北二西开展了二类油层弱碱三元复合驱试验，取得了提高采收率 25.8% 的好效果，但试验区规模较小、层系单一，代表性不强，同时三元复合驱在开发过程中，存在结垢严重、检泵周期短、措施维护性工作量大等问题。为进一步探索二类油层弱碱三元复合驱工业化推广效果，2011 年，在油层发育具有代表性的北三区东部开辟了非均质多油层、规模扩大化的工业性示范区，为弱碱三元复合驱工业化推广提供技术支撑。

二、示范区基本概况及方案实施

1. 示范区概况

北三东西块示范区位于萨尔图油田北部纯油区北三区东部，北面以北 3- 丁 5 排为界，南面以北 2- 丁 3 排为界，西面以北 3- 丁 5-450 井与 2- 丁 3-450 井连线，东面以北 3- 丁 5- 检 256 井与 2- 丁 3-456 井连线所围成的区域。面积为 2.83km^2，地质储量为 266.12×10^{4}t，孔隙体积为 625.26×104m^3，采用 125m 井距五点法面积井网，示范区共有注采井 192 口，其中注入井 96 口，采油井 96 口，中心井 70 口，示范区目的层为萨 II 10-16 油层，平均单井射开砂岩厚度为 9.4m，有效厚度为 7.1m，有效渗透率为 0.387D（表 4-74）。

表 4-74　试验区基本情况表

项目	全区	中心井区
面积，km^2	2.83	2.24
总井数（水井 + 采出井），口	192（96+96）	70
平均砂岩厚度，m	9.4	9.1
平均有效厚度，m	7.1	6.9
平均有效渗透率，D	0.387	0.381
原始地质储量，10^{4}t	266.12	186.13
孔隙体积，10^{4}m^3	625.26	408.61

2. 示范区方案实施情况

1）试验区设计方案

采用 1200 万 ~1600 万分子量的聚合物。

前置聚合物段塞：注入孔隙体积倍数 0.04PV 的聚合物溶液，聚合物浓度为 1200mg/L，体系黏度为 30mPa·s。

三元复合驱主段塞：注入孔隙体积倍数 0.35PV 的三元复合体系，碳酸钠浓度质量分数为1.2%，石油磺酸盐表面活性剂浓度质量分数为0.3%，聚合物浓度为1600mg/L，体系黏度为30mPa·s。

三元复合驱副段塞：注入孔隙体积倍数0.15PV的三元复合体系，碳酸钠浓度质量分数为1.0%，石油磺酸盐表面活性剂浓度质量分数为0.1%，聚合物浓度为1600mg/L。

后续聚合物保护段塞：注入孔隙体积倍数0.20PV的聚合物溶液，聚合物浓度为1200mg/L。

2）方案实施情况

示范区于2012年8月13日空白水驱，2013年3月13日注入前置聚合物段塞，7月16日投注三元复合驱主段塞，2015年3月10日注入三元复合驱副段塞，2016年1月21日注入后续聚合物保护段塞，2017年6月7日分步停注聚，2017年7月18日全部转入后续水驱。累计注入化学剂溶液582.70×10⁴m³，相当于地下孔隙体积0.9506PV。截至2017年10月，全区累计产油69.84×10⁴t，阶段采出程度26.68%，化学驱提高采收率23.58%，高于数模5.08%，综合含水95.62%，低于数模1.64%。中心井区累计产油48.18×10⁴t，阶段采出程度26.09%，综合含水95.89%。全区地层压力为11.17MPa，总压差为0.54MPa，流压为4.19MPa（表4–75）。

表4–75　三元复合驱试验区注入方案及执行情况表

阶段	注入参数								注入孔隙体积倍数PV		注入时间
	聚合物				碱质量分数%		表面活性剂质量分数，%				
	浓度，mg/L		分子量，万								
	方案	实际	方案	实际	方案	实际	方案	实际	方案	实际	
前置聚合物段塞	1200	1200	1200	1200~1600					0.04	0.064	2013年3月
三元复合驱主段塞	1600	1600	1200	1200~1600	1.2	1.2	0.3	0.3	0.35	0.373	2013年7月
三元复合驱副段塞	1600	1600	1200	1200~1600	1.0	1.0	0.1	0.1	0.20	0.202	2015年3月
后续聚合物保护段塞	1200	1200	1200	1200~1600					0.20	0.312	2016年1月
化学驱合计									0.79	0.951	

（1）空白水驱阶段。

2012年8月13日至2013年3月12日投注空白水驱，注入速度为0.26PV/a，日注入量为3664m³，注入压力为8.34MPa，水驱结束时，为了化学驱留有足够的压力上升空间，注入速度下调至0.22PV/a，日注入量为2979m³，注入压力为7.84MPa，距破裂压力为5.34MPa，比吸水指数为0.69m³/（d·m·MPa）。截至2013年3月，空白水驱累计注水72.19×10⁴m³，占地下孔隙体积的0.1441PV。

全区累计产油2.1092×10⁴t，阶段采出程度为0.99%，空白水驱结束时，日产液4711t，日产油134t，综合含水为97.16%，产液指数为1.55t/（d·m·MPa）；中心井区累计产油1.44×10⁴t，阶段采出程度0.88%，日产液3332t，日产油82t，综合含水97.53%。全区地层压力为10.35MPa，总压差为–0.27MPa，流压为4.91MPa。

（2）前置聚合物段塞阶段。

2013 年 3 月 13 日至 2013 年 7 月 15 日注入前置聚合物段塞，采用 1200 万~1600 万中分聚合物，累计注入聚合物溶液为 $32.08 \times 10^4 m^3$，占地下孔隙体积的 0.064PV，注入速度为 0.19PV/a。前置聚合物段塞结束时，平均注入压力为 10.50MPa，距破裂压力为 2.68MPa，与水驱结束相比，注入压力上升 2.66MPa，上升幅度为 33.93%，日注入量为 $3034m^3$，平均注聚浓度为 1273mg/L，注入黏度为 24mPa·s，比吸水指数为 0.52m³/（d·m·MPa），与水驱相比下降幅度为 32.69%。

前置聚合物阶段，全区累计产油 $1.98 \times 10^4 t$，阶段采出程度为 0.93%，总采出程度为 43.04%，阶段提高采收率为 0.62%；日产液 4175t，日产油 159t，综合含水 96.19%，产油速度为 2.77%，平均采聚浓度为 52mg/L，产液指数为 0.97t/（d·m·MPa），与空白水驱相比，日产液下降 536t，日增油 25t，含水下降 0.96%，采聚浓度上升 32mg/L，产液指数下降幅度为 21.29%。中心井区累计产油 $1.15 \times 10^4 t$，阶段采出程度为 0.70%，日产液 2827t，日产油 98t，综合含水 96.54%，平均采聚浓度为 53mg/L。受钻关影响，全区地层压力为 9.18MPa，与空白水驱相比下降 1.17MPa，总压差为 -1.44MPa，流压为 2.90MPa。

（3）三元复合体系主段塞阶段。

2013 年 7 月 16 日到 2015 年 3 月 9 日注入三元复合体系主段塞，累计注入三元复合体系 $229.44 \times 10^4 m^3$，占地下孔隙体积的 0.3729PV，因部分井注入困难、注入端结垢及设备问题等因素影响，冬季保管线累计注二元 0.02PV，三元复合体系有效部分为 0.3529PV，注入速度为 0.23PV/a。主段塞结束时，平均注入压力为 12.67MPa，与水驱相比上升了 4.83MPa，上升幅度为 61.61%，日注入量为 $4236m^3$，平均注聚浓度为 2108mg/L，注碱浓度质量分数为 1.23%，注表面活性剂浓度质量分数为 0.3%，体系黏度为 40mPa·s，比吸水指数为 0.54m³/（d·m·MPa），与水驱相比下降幅度为 21.74%。

三元复合体系主段塞阶段，全区累计产油 $30.32 \times 10^4 t$，阶段采出程度为 11.44%，阶段提高采收率为 10.74%，总采出程度为 54.48%。主段塞结束时，日产液 4330t，日产油 620t，综合含水 85.68%，采油速度为 7.83%，平均采聚浓度为 724mg/L，采碱浓度为 986mg/L，采表面活性剂浓度为 64mg/L，产液指数 0.97t/（d·m·MPa），与水驱相比，日产液下降 381t，日增油 486t，含水下降 11.47%，产液指数下降幅度为 37.42%；中心井区累计产油 $20.32 \times 10^4 t$，阶段采出程度为 10.94%，主段塞结束时，日产液 3070t，日产油 419t，综合含水 86.35%，平均采聚浓度为 733mg/L，采碱浓度为 1018mg/L，采表面活性剂浓度为 65mg/L。全区地层压力为 10.91MPa，总压差为 0.29MPa，流压为 4.59MPa。

（4）三元复合体系副段塞阶段。

2015 年 3 月 10 日到 2016 年 1 月 20 日注入三元复合体系副段塞，该阶段累计注入三元复合体系 $126.3315 \times 10^4 m^3$，占地下孔隙体积的 0.202PV，注入速度为 0.23PV/a，试验过程中根据示范区动态变化情况及数值模拟研究，将三元复合体系副段塞由原方案 0.15PV 延长至 0.20PV，三元复合体系副段塞（0.1PV）表面活性剂注入浓度由原方案的 0.1% 提高至 0.2%。副段塞结束时平均注入压力为 12.18MPa，与水驱相比上升了

4.34MPa，上升幅度为55.36%，日注入量为4303m³，平均注聚浓度为1892mg/L，注碱浓度质量分数为1.03%，注表面活性剂浓度质量分数为0.1%，体系黏度为34mPa·s。比吸水指数为0.56m³/（d·m·MPa），与水驱相比下降18.8%，与主段塞相比，基本保持稳定。

三元复合体系副段塞阶段，全区累计产油16.19×10⁴t，阶段采出程度为6.08%，阶段提高采收率为5.67%，总采出程度为60.56%。副段塞结束时日产液4506t，日产油485t，综合含水89.24%，产油速度为6.78%，平均采聚浓度为836mg/L，采碱浓度为2849mg/L，采表面活性剂浓度为203mg/L，产液指数为0.94t/（d·m·MPa），与水驱相比，日产液下降205t，日增油351t，含水下降7.92%，产液指数下降幅度为39.35%；中心井区累计产油11.22×10⁴t，副段塞结束时日产液3296t，日产油358t，综合含水89.15%，阶段采出程度为6.03%，平均采聚浓度为835mg/L，采碱浓度为3065mg/L，采表面活性剂浓度为213mg/L。全区地层压力为10.98MPa，总压差为0.37MPa，流压为4.08MPa。

（5）后续聚合物保护段塞阶段。

2016年1月21日至2017年6月6日注入后续聚合物保护段塞。后续保护段塞累计注入185.93×10⁴m³，占地下孔隙体积的0.2974PV，注入速度为0.23PV/a，注入压力为12.36MPa，与水驱相比上升了4.52MPa，上升幅度为57.65%，距破裂压力为0.82MPa。日注入量为3930m³，比吸水指数为0.53m³/（d·m·MPa），与三元复合体系段塞相比，基本保持稳定。平均注聚浓度为1685mg/L，体系黏度为35mPa·s。

后续保护段塞阶段，全区累计产油16.28×10⁴t，阶段采出程度为6.12%，阶段提高采收率为5.58%，总采出程度为66.68%。日产液4094t，日产油237t，综合含水94.20%，采聚浓度为765mg/L，采碱浓度为1525mg/L，采表浓度为72mg/L。与空白水驱相比，日产液下降617t，日增油103t，含水下降2.95个百分点。中心井区累计产油11.82×10⁴t，阶段采出程度为6.35%，日产液3013t，日产油174t，综合含水94.24%，平均采聚浓度为757mg/L，采碱浓度为1532mg/L，采表面活性剂浓度为78mg/L。全区地层压力为11.17MPa，总压差为0.54MPa，流压为3.76MPa。

（6）后续水驱阶段。

为控制含水回升速度，注入速度由0.24PV/a下调至0.22PV/a，截至2017年9月，后续水驱阶段累计注水36.14×10⁴m³，占地下孔隙体积的0.058PV，注入压力为11.11MPa，与空白水驱相比上升了3.27MPa，上升幅度为41.71%，距破裂压力为2.07MPa，日注入量为3784m³，比吸水指数为0.52m³/（d·m·MPa）。

后续水驱阶段，全区累计产油1.82×10⁴t，阶段采出程度为0.77%，阶段提高采收率为0.69%，总采出程度为67.80%。日产液4530t，日产油199t，综合含水95.62%，流压为4.44MPa，采聚浓度为725mg/L，采碱浓度为1595mg/L，采表浓度为61mg/L。与空白水驱相比，日产液下降181t，日增油65t，含水下降1.54个百分点。中心井区累计产油1.32×10⁴t，阶段采出程度为0.71%，日产液3378t，日产油139t，综合含水95.89%，平均采聚浓度为725mg/L，采碱浓度为1533mg/L，采表面活性剂浓度为61mg/L（图4-47和图4-48）。

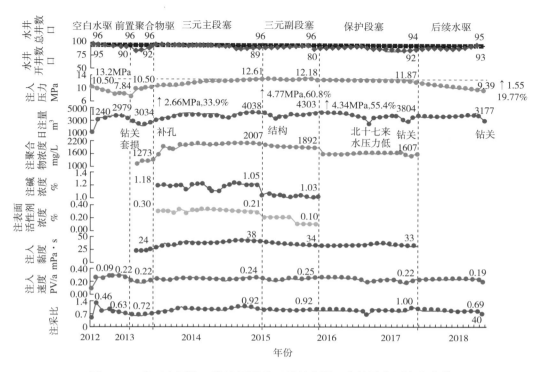

图 4-47 北三东西块二类油层弱碱三元复合驱工业性示范区注入曲线

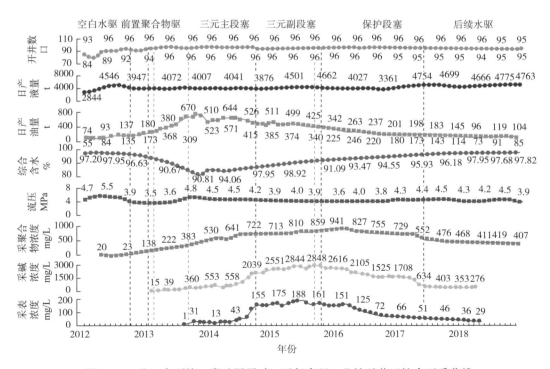

图 4-48 北三东西块二类油层弱碱三元复合驱工业性示范区综合开采曲线

三、示范区取得的成果及认识

1. 形成了弱碱三元复合驱油藏方案设计技术

依据北三东示范区二类油层发育特征及北二西弱碱体系三元复合驱试验经验，结合室内数模、物模研究结果，优化层系组合、井网部署、注采井距设计。

1）优化二类油层弱碱三元复合驱开发层系组合

二类油层复合驱开采对象小层数多、厚度薄、平面连通差，非均质严重。为了尽量保证一套层系可以注同一种分子量聚合物，同时降低层间渗透率级差，根据室内实验结果及现场实践经验，同时考虑到经济上可行，确定了二类油层三元复合驱开采对象、层系内渗透率级差及层系组合有效厚度界限（图4-49和图4-50）。限制开采对象，缩小层间矛盾，达到较好的开发效果。

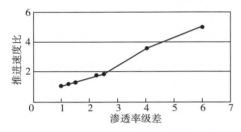

图4-49 渗透率级差与聚合物推进速度关系

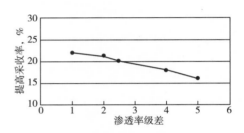

图4-50 渗透率级差与采收率关系

2）优化二类油层弱碱三元复合驱井网部署

已投产区块的生产实践表明，井网井距直接影响着驱替剂的注入速度和采液速度，决定了注入周期、见效时间、见效程度、接替稳产时机，最终影响采收率提高幅度，因此，合理的井网井距是三元驱开发的基础和前提，示范区井网井距的确定必须最大程度地适应油层地质特点，提高井网对砂体的控制程度（表4-76）。

表4-76 北三东三元复合驱示范区不同注采井距下各单元聚合物驱控制程度表（油藏方案）

单位：%

沉积单元	聚合物驱控制程度				
	100m	125m	150m	175m	250m
萨Ⅱ10+11a	77.6	75.2	74.1	73.1	72.3
萨Ⅱ10+11b	78.4	76.0	72.5	69.0	59.0
萨Ⅱ12	87.6	85.3	83.9	82.6	77.9
萨Ⅱ13+14a	87.4	85.0	83.0	80.9	68.4
萨Ⅱ13+14b	85.8	83.4	75.1	66.8	56.0
萨Ⅱ15+16a	70.5	68.1	57.3	46.4	33.9
萨Ⅱ15+16b	41.9	39.5	32.2	24.9	14.5
萨Ⅱ10-16	80.1	78.4	75.3	72.1	64.8

综上所述，通过对不同注采井距的适应性对比表明，125m井距条件下，北三东西块二类油层弱碱三元复合驱示范区的化学驱控制程度可达到71.1%，最大注入速度可达到0.25PV/a左右，能够建立较为合理的驱动压力梯度，有利于减缓注采能力下降幅度，具有最佳的经济效益，因此注采井距确定为125m左右。

2. 形成了弱碱三元复合驱驱油方案设计技术

通过精细地质描述、水淹状况及剩余油分布研究，示范区萨Ⅱ 10-16 油层聚驱控制程度较低、水淹比较严重，同时平面、层内和层间的非均质性较强。借鉴以往成功的三元复合驱试验经验，确定了三元复合体系驱油方案设计原则：一是三元复合体系配方及段塞组合既要能提高波及效率，又要以提高三元复合驱驱油效率为主；二是活性剂采用国产石油磺酸盐表面活性剂，三元复合体系与目的层原油间能够形成 10^{-3}mN/m 超低界面张力；三是三元复合体系要具有较好的稳定性；四是三元复合体系具有较强的抗吸附性及较好的乳化性；五是单井配注以井组注采平衡实现全区注采平衡；六是在设计合理的注入速度的范围内，考虑给开发调整留有一定的时间余地。

优化弱碱三元复合驱油体系，提高油层配伍性：通过评价三元复合体系界面张力活性范围、稳定性、吸附性、乳化性及室内驱油效果，优化适合二类油层油水条件的弱碱三元复合驱油体系。示范区三元复合体系选用大庆炼化公司生产的石油磺酸盐表面活性剂产品（简称 S）、弱碱 Na_2CO_3（简称 A）及炼化公司生产的 1200 万 ~1600 万分子量聚合物（简称 P）作为示范区注入配方。

示范区三元复合驱驱油方案设计结果：通过数值模拟研究及试验过程中方案优化结果，确定了示范区方案为前置聚合物段塞 0.04PV×（1200mg/LP）+ 三元复合体系主段塞 0.35PV×（1.2wt%A+ 0.3wt%S+1600mg/LP）+ 三元复合体系副段塞 0.15PV×（1.0wt%A+0.1wt%S+1600mg/LP）+ 聚合物保护段塞 0.2PV×（1200mg/LP）+ 后续水驱到含水 98% 结束。

共注入化学剂 0.74PV，体系采用 1200 万 ~1600 万中分聚合物，污水配制污水稀释，注入速度保持在 0.25PV/a。

3. 形成了弱碱三元复合驱开发综合调整技术

明确了二类油层弱碱三元复合驱开采特征。二类油层不同区块地质条件存在差异，北三东示范区地质条件差于北二西试验区。北三东示范区与北二西试验区分属于萨东中小河系及大型喇西河系，受不同沉积体系影响，纯油区东部二类油层的发育较西部明显变差，表现为油层发育厚度薄、渗透性差、非均质性强、砂体连续性差。北三东示范区油层单层厚度、渗透率、河道一类连通厚度比例、聚合物驱控制程度分别较北二西试验区低 1.7m、0.146μm²，40.6% 和 19.1%。因此北三东三元复合驱区块表现为与北二西三元复合驱区块不同的注采特征、见效特征及动用特征。

1）注入特征

（1）注入压力平稳上升，压力最大升幅 61.61%，保持了较强的注入能力。

北三东示范区投注化学剂以后，注入压力平稳上升，压力最大升幅 61.61%。前置聚驱阶段，注入压力快速上升，注入能力明显下降，注入压力由 7.84MPa 上升到 10.50MPa，上升了 2.66MPa，上升幅度为 33.93%，上升速度为 4.16MPa/0.1PV，比吸入指数由 0.69m³/（d·m·MPa）下降至 0.52m³/（d·m·MPa），下降幅度为 24.6%。三元段塞阶段，注入压力持续平稳上升至最高 12.67MPa，但上升速度减缓为 0.58MPa/0.1PV，与空白水驱相比上升幅度为 61.61%，之后基本保持稳定，同时比吸入指数进一步降至 0.46m³/（d·m·MPa），最大降幅为 33.33%。进入后续保护段塞后，注入压力保持在 12.3MPa 左右，距离破裂压力尚有 0.9MPa 的压力空间，视吸入指数保持在 0.53m³/（d·m·MPa）左右。

（2）井间压力差异逐渐减小，注入压力趋于均衡。

空白水驱阶段，井间压力差异较大，其中82.3%的注入井注入压力低于10MPa，注入化学剂后，注入压力逐步上升，井间压力差异不断缩小，进入主段塞后，80%左右的注入井注入压力集中分布在大于12MPa的范围内，表明化学剂推进更趋均匀。

（3）与北二西试验区相比，北三东示范区注入压力上升幅度低，注入能力略差。

北三东示范区注入压力最大上升幅度为61.6%，低于北二西试验区的71.5%。受地层条件差影响，空白水驱结束时，示范区注入压力为7.84MPa，高于北二西试验区的5.92MPa，注入化学剂后，注入压力稳步上升至最高12.67MPa，明显高于北二西试验区的10.15MPa，2个区块分别上升了4.83 MPa和4.23MPa，由于示范区初始压力高，因此最大升幅低于北二西试验区。

开发过程中，示范区比吸入指数略低于北二西试验区，最大降幅为33.3%，高于北二西试验区的23.1%，注入能力略差于北二西试验区。整体看，二类油层弱碱三元复合驱具有较强的注入能力，并且地质条件越好，初始注入压力越低，上升幅度越大，注入能力越强。

2）采出特征

（1）含水下降速度快，下降幅度大，低含水稳定时间长。

示范区目的层萨Ⅱ10–16油层非均质性强，井间地质条件差异大，接替受效明显，示范区含水变化规律表现为，全区见效较晚，含水下降幅度大，低含水稳定期长的特点。为了保证开发效果，过程中通过加大综合调整力度，有效控制了含水上升速度，低含水稳定期长达22个月（0.42PV）。化学驱过程中含水变化共分为四个阶段。

一是未见效阶段：注入化学剂初期，含水变化不大，即注入化学剂0.094PV之前保持在96%以上。

二是含水下降阶段：注入化学剂0.094PV（2013年8月）开始见效至0.206PV（2014年2月），含水快速下降，进入下降期，含水下降期历时0.112PV（6个月），全区含水由95.64%下降至88.85%，下降了6.79个百分点，平均月含水下降速度为1.13%。阶段采出程度为3.58%，提高采收率为2.99%。

三是含水低值期阶段：注入化学剂0.206PV（2014年2月）至0.625PV（2015年12月）期间，综合含水在低值期稳定了22个月，此阶段为见效高峰期，注入0.282PV（2014年6月）时含水降至最低点80.81%，此时日产油769t，与空白水驱相比，综合含水下降了16.35个百分点，日增油635t，月含水下降速度为2.0%，阶段采出程度为14.50%，提高采收率为13.72%。

四是含水回升阶段：注入化学剂0.625PV（2015年12月）后进入含水回升期，综合含水从88.92%回升至目前的95.48%（2017年9月），平均月含水回升速度控制在0.31%，阶段采出程度为7.37%，提高采收率为6.63%。

（2）产液量下降缓慢，且下降幅度小，产液能力强，与北二西基本相当。

以往的聚驱和三元复合驱现场试验表明，随着化学剂的注入，油层渗流阻力增加，同时随着含水的下降，乳化结垢的出现，采出能力逐渐降低。示范区处于低值期时，产液量下降幅度最大，无因次产液量最低为0.76。三元驱过程中做好注采端清防垢及检泵修泵等维护工作是产液量保持较高水平的有力保证。低值期阶段，示范区无因次产液量基本稳定在0.85左右。进入含水回升期后，无因次产液量有所上升在0.9以上。全过程产液量变化规律与北二西基本相当。

（3）示范区含水变化规律与北二西基本一致，但产液指数下降幅度大，采液能力略差于北二西试验区。

北三东示范区、北二西试验区含水及比产液指数曲线表明，注入化学剂0.1PV左右时，含水率开始快速下降，下降速度分别为10.3%/0.1PV和7.9%/0.1PV，同时产液能力同步下降，注入化学剂0.3PV时，含水率下降至最低点79.7%和80.8%，下降幅度大分别为16.4%和19.1%，比产液指数最大下降幅度分别为42.6%和31.3%，之后变化不大，低含水稳定时间长达0.42PV和0.43PV，注入化学剂0.7PV后进入含水回升阶段，回升速度缓慢分别为1.5%/0.1PV和1.57%/0.1PV。示范区含水变化规律与北二西基本一致。但受油层条件差影响，与北二西试验区对比，北三东示范区含水降幅较小，产液指数降幅较大。

3）见效特征

见效井数比例100%，高峰期采油速度达10%以上，二类油层弱碱三元复合驱提高采收率可达20个百分点以上。

示范区采油井见效井比例达100%，含水下降超过20个百分点的井数比例达66.7%，其中含水下降超过30个百分点的井数比例达43.8%，单井含水均下降至最低点时，最低点含水可达到71.10个百分点。注入化学剂前，含水较低的采油井，剩余油相对富集，见效后含水下降幅度大，增油效果明显。

北三东示范区、北二西试验区采油井均全部见效，其中65%以上的采出井含水率下降幅度大于20%，注入化学剂0.1PV后，随着含水率的下降，采油速度快速上升，注入化学剂0.3PV左右时，含水率降至最低，此时采油速度分别达10.5%和11.8%，高峰期后采油速度随着含水的下降而缓慢下降。北三东示范区预计提高采收率24个百分点，较好油层条件的北二西试验区化学驱提高采收率达28个百分点。

4）采剂特征

先见聚，后见碱，最后见表面活性剂，采碱浓度较高。

示范区先见聚合物后见效，注入化学剂0.074PV（2013年7月）时开始见聚合物，平均采聚合物浓度为52mg/L（空白水驱时采聚合物浓度为20mg/L）；注入0.094PV（2013年8月）时开始见效；注入化学剂0.11PV时见碱，平均采碱浓度15mg/L；注入0.206PV（2014年2月）时进入含水下降期；注入0.225PV时见表面活性剂，平均采表面活性剂浓度10mg/L。

示范区先见聚合物，后见碱，最后见表面活性剂。见聚合物后采聚合物浓度平稳上升，注入化学剂0.39PV后（2014年12月），采聚合物浓度进入高峰期并稳定在750mg/L左右，此时处于含水低值期后期，注入0.625PV后（2015年12月），示范区进入含水回升期，采聚合物浓度继续缓慢上升，至三元复合驱副段塞末，采聚合物浓度上升至最高941mg/L之后开始下降。

见碱及见表后至注入化学剂0.375PV（2014年11月），采碱浓度稳步上升至500mg/L，采表浓度一直保持在20mg/L左右，之后因注入困难及问题井冬季保管线注二元复合体系影响，注入化学剂0.476PV（注三元段塞0.41PV）时采碱浓度快速上升至2039mg/L，采表浓度同步上升至155mg/L，采碱和采表面活性剂进入高峰期。采碱及采表浓度分别在注入化学剂0.727PV和0.646PV时达最高值为2933mg/L和203mg/L，之后开始同步下降。

5）动用特征

弱碱三元复合驱油层动用厚度增加，且吸入厚度比例高于聚合物驱。随着化学剂的注入，注入压力平稳上升，井间压力趋于均衡，油层吸入状况得到改善，三元复合驱主段塞阶段吸入厚度比例最高达到 89.5%，较注化学剂前提高了 7.2%，其中有效厚度小于 1m 和渗透率低于 $100\mu m^2$ 的薄差难动用储层，吸入厚度比例分别提高了 10.6% 和 3.9%。进入三元复合驱副段塞后，剖面返转，吸入厚度比例略有下降，至后续聚合物保护段塞阶段，吸入厚度比例降至 83.3%。

4. 形成了二类油层弱碱三元复合驱开发综合调整技术

1）注入井分注技术

分注原则：一是层段间相对吸水量差异大；二是注入压力上升空间大于 1.5MPa 左右；三是层段内渗透率级差小于 3；四是油层发育较好，分注层段有效厚度在 1.0m 以上；五是井组 2 个方向含水高、采出化学剂浓度高。依据上述原则，将性质相近的油层进行组合，优化层段注入强度，改善吸入状况，促进油井均匀受效。

分注效果：全区实施分层注入 34 口，分注率 35.4%，平均单井 2.06 个层段，其中控制层段 1.03 个，有效厚度 4.7m，注入强度为 6.3m³/（d·m）；加强层段 1.03 个，有效厚度为 3.3m，注入强度为 9.0m³/（d·m），层间渗透率级差由 3.6 下降到 1.6。分注后注入压力上升了 0.85MPa，同时剖面得到明显改善，开采目的层萨Ⅱ 10~16 油层动用厚度比例由 81.5% 提高至 85.5%，提高了 4 个百分点。周围 50 口油井受效，日产液下降 22t，日增油 35t，含水下降 1.7%。

2）注入井调剖技术

调剖选井选层原则：一是渗透率大于 $0.3\mu m^2$；二是河道一类连通率大于 45%；三是压力空间大于 2.4MPa；四是视吸入指数高于全区水平；五是调剖层段相对吸入量为 40% 以上；六是高水淹厚度比例为 45% 以上；七是采出井含水高于全区水平或平面差异大。

调剖半径：根据矿场经验，要达到较好的调剖效果，一般设计调剖深度应为注采井距的 1/3 左右，区块平均井距为 125m，调剖深度确定为 45m。

调剖剂优选：针对示范区二类油层特点和三元复合驱深度调剖的要求，设计采用 WT008 三元复合驱颗粒调剖堵水剂与 WK–Ⅱ堵水调剖剂复合调剖体系。其中三元复合驱颗粒调剖堵水剂做为主段塞，WK–Ⅱ堵水调剖剂作为封口段塞。三元复合驱颗粒调剖堵水剂，在改性颗粒调剖堵水剂的基础上，引入耐碱有机网络结构，形成了一种网络结构体系，抗碱性能强。初期强度高、后期变形能力强，有助于提高三元复合体系液的波及体积。同时，与三元复合体系液配伍性良好，与三元复合体系液无物理、化学反应，对其界面张力不干扰。WK–Ⅱ堵水调剖剂在原堵水调剖剂基础上，添加"羧酸基强极性的磺酸基基团"等成分，产品抗盐性提高，与三元复合体系配伍性好，在有 15% 三元复合体系液存在下，成胶率达 93%，且提高水中钙的溶解度，对水中的磷酸钙、碳酸钙、锌垢等有阻垢作用，分散性好，净化水质及减少对管线、地层的堵塞（表 4–77）。

表 4–77　调剖体系段塞组合

调剖剂名称	类型	性能特点	段塞组合
WT008 三元复合驱粒调剖堵水剂（A）	颗粒类	抗碱性强，膨胀倍数大，抗压强度高	主段塞：A（1000~1500mg/L 聚合物携带 3500~4500mg/L 的 A）+ 封口段塞 B + 1200mg/L 聚合物顶替液
WK–Ⅱ堵水调剖剂（B）	凝胶类	成胶时间短，成胶率高，强度高	

调剖效果：调剖后注入压力上升 1.29MPa，比吸入指数下降 0.1m³/（d·m·MPa），周围 19 口采油井日产液下降 72t，日增油 41t，含水下降 3.8%。

3）注入井压裂技术

压裂效果：全过程共实施注入井压裂 74 井次，措施前注入压力为 12.98MPa，距破裂压力仅为 0.2MPa，平均单井日注入量为 23m³，措施后效果明显，注入压力下降 2.95MPa，平均单井日增注 19m³。其中，未见效阶段针对差层发育井改造实施 6 口，为后期化学剂注入留有一定的压力上升空间。含水下降期和低值期，主要针对注入能力下降大、剖面动用差井改造，提高注采能力和提高动用程度。含水回升期，压裂中低渗透层挖掘剩余潜力。含水低值期阶段为受效高峰期，且注入井注入能力已下降至最低水平，该阶段为主要压裂增注阶段，措施井数比例高达 81.1%。

4）采油井压裂技术

压裂时机及方式：一是含水下降期主要压裂河道边部变差部位，改造差层，调节注采平衡，压裂引效，主要采用普通压裂方式；二是低含水稳定期针对采出能力下降幅度大、动用状况差的井，主要压裂河道主体带部位，压裂提效，主要采用普通压裂方式；三是含水回升期以控水为目的，挖潜薄差层，压裂增效，以多裂缝压裂方式为主。

压裂效果：全过程共实施采油井压裂 58 井次，措施前平均单井日产液 29t，日产油 3.9t，含水 86.29%，措施后平均单井日增液 35t，日增油 8.5t，含水下降 5.78%。其中含水下降期压裂 4 井次，措施后平均单井日增液 43t，日增油 7.4t，含水下降 4.75%；含水低值期压裂 37 井次，平均单井日增液 37t，日增油 10.3t，含水下降 5.55%；含水回升期压裂 17 井次，平均单井日增液 29t，日增油 4.9t，含水下降 4.34%。对比表明，见效高峰期压裂，措施效果显著。示范区在该阶段压裂井数比例达 63.8%，进一步放大了试验效果。

5. 形成弱碱三元复合驱采油工艺配套技术

1）形成了系列清防垢优化配套技术

北三东二类油层弱碱三元复合驱示范区共有注入井 96 口，采出井 96 口，采出井中抽油机 69 口，螺杆泵 26 口，潜油电泵 1 口。自 2014 年 1 月注三元复合体系以来，截至 2020 年 12 月，52 口采油井见垢，其中抽油机 40 口井，螺杆泵 12 口，占油井总数的 54.2%。

（1）采出井结垢规律研究。

垢质仍以碳酸盐垢为主。从作业井垢样分析看，同北二西二类油层弱碱三元复合驱试验区，垢质仍以碳酸盐垢为主，占 80% 左右，略低于北二西。硬度低、易碎，为黄色或黄褐色（表 4-78）。

表 4-78　不同三元区块采出井垢质组分比例

区块	注入孔隙体积倍数 PV	碳酸盐垢，%	硅酸盐垢，%	有机物，%	其他，%
北二西三元试验区 B2-361-E66	0.37	93.50	1.6	4.47	0.43
	0.66	85.60	1.7	4.05	9.65
北三东三元示范区 B2-311-SE79	0.18	89.90	0.8	4.70	4.60
	0.53	67.89	7.0	23.67	0.91

结垢部位主要集中在杆、管、泵等。垢厚 1.5mm 以下。同时 40 臂井径测试，结垢点有 2 个，为油管管柱末端及射孔井段，结垢段长度约为 10m，平均垢厚约为 5mm（表 4-79）。

表 4-79　弱碱三元复合体系采出端结垢部位

结垢部位	垢质形态		
	厚度，mm	颜色	造成影响
抽油杆、抽油管	1~1.5	深棕褐色	载荷增大
脱接器、脱卡工作筒	0.8~1.2	黄褐色	滑套失效，无法脱开
泵筒内壁	0.3~0.8	黄褐色	卡泵
阀球、阀座	0.3~0.5	浅黄褐色	泵漏失

见垢井比例在 60% 以下，且中心井比例高于边角井。北三东示范区见垢井数为 52 口，北二西试验区见垢井数为 23 口，分别占总数的 54.1% 和 52.3%。中心井见垢井数比例分别为 57.1% 和 75%，高于边角井的 11% 和 50%（表 4-80）。

表 4-80　不同弱碱三元复合驱区块采出井结垢井数统计

区块	全区			中心井			边角井		
	井数口	见垢井数口	见垢比例%	井数口	见垢井数口	见垢比例%	井数口	见垢井数口	见垢比例%
北二西三元复合驱试验区	44	23	52.3	24	18	75	20	5	25
北三东三元复合驱示范区	96	52	54.1	70	40	57.1	26	12	46.1

（2）完善化学防垢工艺。

完善了结垢判别图版，明确了加药时机。根据北三东见垢时的离子浓度及 pH 值变化规律，修订完善了结垢判别图版（图 4-51），符合率达 90% 以上，根据图版，明确了北三东示范区加药时机标准，保证机采井及时加药（图 4-52）。

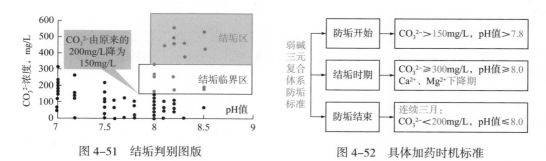

图 4-51　结垢判别图版　　　　　图 4-52　具体加药时机标准

确定了化学防垢加药方式。通过对比不同化学加药方式经济适用性，确立了井口点滴加药为我厂主要加药方式。同时，试验应用了井口双泵点滴加药技术，并明确了单、双泵经济适用界限。对于日产水量小于 15m³/d 的井，应用单泵点滴加药工艺，对于日产水量大于 60m³/d 的井，应用双泵点滴加药工艺（表 4-81）。

表 4-81　不同化学加药方式经济适用性对比

加药模式 （加药量/加药周期）	单井十年建设、人工费用，万元				单井年综合费用，万元					
	设备	改造	人工	合计	设备折旧 及人工费	药剂 费用	运输 费用	耗电	维修 费用	年综合费 用合计
井口周期加药模式 1 （10kg/2d）	3.57	0.1	12.22	15.89	1.59	2.88	1.44	0	0.06	5.97
井口周期加药模式 2 （50kg/4d）	1.89	0.1	6.47	8.46	0.85	7.38	0.74	0	0.03	9.00
井口单泵加药	8.00	3.0	1.26	12.25	1.22	1.46	0.14	0.49	0.57	3.89
井口双泵加药	10.07	3.0	0.25	13.32	1.33	1.46	0.03	0.49	0.57	3.88
井口高压长管加药	30.00	3.0	1.26	34.26	3.42	1.46	0.14	0.49	0.57	6.09

优化了单井加药浓度标准。随着注入化学剂的推进，碳酸根离子浓度及 pH 值呈上升趋势，采用固定药剂浓度达不到长效防垢，因此，根据碳酸根离子浓度及 pH 值变化，个性优化了单井加药浓度标准（表 4-82）。

表 4-82　单井个性化加药标准

碳酸根浓度，mg/L	< 500	500~1000	1000~1500	1500~2000	> 2000
药剂目标浓度，mg/L	100	200	300	350	400

如 B3-351-E81 井，通过逐级上调药剂目标浓度，有效控制了垢卡频次，延长了检泵周期，达到 1056d。

（3）完善化学清垢工艺。

化学加防垢药剂可降低垢卡比例延长检泵周期，但仍有垢卡井需要化学清垢方法进行处理。

一是优化了化学清垢药剂配方。通过调整清垢剂酸的配比，9% 无机酸 +2% 有机酸的清垢剂配方溶垢率最高，达到 98.86%，保证了解卡成功率（表 4-83）。

表 4-83　清垢剂配方优化表

序号	配方	溶垢率，%
1	5% 无机酸 +2% 有机酸	78.94
2	5% 无机酸 +5% 有机酸	91.46
3	7% 无机酸 +2% 有机酸	92.20
4	9% 无机酸 +2% 有机酸	98.86

二是明确了清垢时机标准。根据电流上升、产量下降及杆运行情况，确定了酸洗清垢时机，以及处理措施，降低卡泵概率，保证机采井平稳运行。即针对采油井电流上升 5%、产量下降 10%，及杆运行滞后或出现卡泵时，酸洗前清蜡处理，如果杆滞后或卡泵现象消失，可不酸洗，否则进行酸洗。

三是优化解卡关键工序。提高施工效率及药剂利用率，并减少了返排废液对地面集输系统的影响，确保绿色安全施工（表 4-84）。

表 4-84 解卡工序优化前后效果

原工序	优化后工序	优化目的
清垢剂焖井 4 小时	清垢剂焖井 3 小时	提高施工效率
焖井过程驴头位置不变	改变驴头上下位置	增加接触面积
药剂不循环	循环	提高药剂利用率
废液直接进回油干线	车载回收	减少对集输影响
废液返排 15m³	废液返排 30m³	
清水返排	返排液添加硫化物去除剂、铁质稳定剂	

通过上述工作，并理顺酸洗解卡流程，北三东示范区共进行酸洗解卡 141 井次，解卡成功 128 井次，解卡成功率达到 90.8%。

（4）完善了管理办法。

停机会加快机采井井筒结垢速度，容易造成卡泵，停机时间越长，卡泵概率越大，解卡成功率也越低。因此，机采井连续运行是保证化学清防垢效果的基础，对此，制定了弱碱三元复合驱停机管理办法，减少正常井停机时间和问题井躺井时间，降低垢卡概率。其中停机卡泵比例由 53.3% 下降至 25.5%，下降了 27.8 个百分点，问题井恢复时间由 34d 下降至 18d，下降了 16d。

2）形成了适合弱碱三元井压裂增产配套技术

北三东三元示范区常规压裂 16 口，平均单井日增油 7.0t/d，效果一般，且由于当时处于含水低值期，增油效果并不完全是压裂措施的贡献。为了进一步提高三元驱井压裂增产效果，尝试增加加砂规模，并根据示范区油层物性（渗透率为 387mD）及井网（125m 五点法面积井网）情况，利用压裂设计模板确定了最佳裂缝穿透比为 30%，半缝长约 40m。

增大加砂量后，注入井实施 34 口，油井实施 42 口，平均加砂量较常规压裂增加一倍以上，油井平均单井日增油 9.1t，较常规压裂多增油 2.1t，增幅 30%；注入井平均单井日增注 24m³，较常规压裂多增注 8m³，增幅 50%，取得了较好的增产增注效果，也为三元井压裂增产增注工艺提供了新的思路和方法（表 4-85 和表 4-86）。

表 4-85 北三东三元复合驱注入井压裂效果对比表

时间	井数 口	单层加砂量 m³	注入压力下降 MPa	日增注量 m³	有效期 d
2014 年	40	6.8	2.98	16	154
2014 年以后	34	23.6	2.91	24	265
差值		16.8	-0.07	8	111

表 4-86 北三东三元复合驱采油井压裂效果对比表

分类	井次 口	单层加砂量 m³	日增液量 t	日增油量 t	含水下降 %
常规压裂	16	6.7	22	7.0	-6.3
增大加砂量	42	13.7	40	9.1	-5.9
差值		7	18	2.1	0.4

四、示范区取得的经济效益

本项目为萨北开发区北三东西块二类油层弱碱三元复合驱工业性示范区产能建设工程。项目性质为弱碱三元复合驱，建设开始时间在 2012 年。共基建油水井 192 口（油井 96 口，水井 96 口），评价期内累计产油量为 180.83×10^4t（表 4-87）。

表 4-87 示范区产量预测表

年份	项目名称		
	年产油，10^4t	年产液，10^4t	年注水，10^4m³
2012	1.14	56.17	46.61
2013	7.18	155.14	118.27
2014	22.36	144.54	143.85
2015	18.92	149.06	142.76
2016	13.66	159.70	142.03
2017	7.71	148.55	132.63
2018	5.00	156.93	135.95
2019	3.63	152.38	131.40
2020	3.11	145.98	125.91
2021	2.77	138.70	120.45
2022	3.89	64.80	69.10
2023	7.78	185.00	215.60
2024	24.25	134.20	149.50
2025	20.52	112.90	124.60
2026	14.81	98.10	116.30
2027	8.36	96.80	109.70
2028	5.42	94.90	90.10
2029	3.94	78.50	90.10
2030	3.38	67.30	90.10
3031	3.00	95.20	92.70
合计	180.83	2434.85	2387.66

该项目总投资 150744.23 万元，税后财务内部收益率为 15.43%，高于 6% 的行业基准收益率，在经济上是可行的。该项技术的应用对实现油田可持续发展具有深远的影响，具有广阔的应用前景。

第四节 杏六区东部II块强碱三元复合驱工业性示范区

为加快推进三元复合驱主导技术攻关和推广应用步伐，进一步挖潜厚油层顶部剩余油，较大幅度提高采收率，2008 年在杏北开发区开展了杏六区东部II块三元复合驱工业化推广区。经过 9 年多的攻关，取得了较好的效果，杏六区东部II块提高采收率 21.68 个百分点，累计增油量为 $182.36 \times 10^4 t$，为大庆油田杏北开发区大幅度提高原油采收率提供了技术支撑。

一、示范区目的

大庆油田三元复合驱技术经过二十多年的攻关研究，经历了实验室研究阶段、引进国外表面活性剂的小型矿场试验阶段和具有自主知识产权的国产表面活性剂工业性矿场试验阶段，三元复合驱技术得到了较好的发展和完善，目前已进入工业化推广阶段。室内实验和现场试验均表明，强碱三元复合驱提高采收可达到 20 个百分点以上[42]，但在工业化推广过程中，面临以下几个方面的问题：合理注采井距和层系组合方式不明确；驱油体系配方和注入参数设计不清晰；动态规律认识和配套调整技术不成熟；地面配注工艺和污水处理技术不完善；三元结垢规律和配套处理技术不确定；现场生产管理和劳动组织模式不适应。

为此，选择杏六区东部Ⅱ块作为一类油层强碱体系三元复合驱示范区，明确工业化三次采油目的层的三元体系配方和复合驱效果，总结不同阶段的动态开发规律，完善配套技术，建立相关制度，为油田持续稳产储备技术，对于大庆油田的可持续发展、创建百年油田具有十分重要意义。

二、示范区基本概况及方案实施

1. 示范区概况

杏六区东部Ⅱ块位于杏四—六行列区内，北起杏五区丁 3 排，南至杏六区三排，西与杏六区东部Ⅰ块相邻，东与杏四—六面积及杏北东部过渡带相邻（图 4-53）。

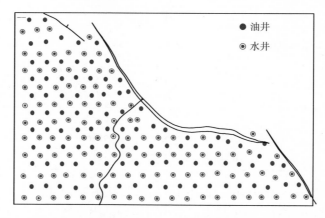

图 4-53　杏六区东部Ⅱ块葡Ⅰ3 油层强碱体系三元复合驱井位图

三元复合驱区块面积为 $4.77 km^2$，为注采井距 141m 的五点法面积井网，总井数为 214 口，其中注入井 110 口，采出井 104 口（包括利用井 2 口）。开采目的层葡Ⅰ3 油层孔隙体积为 $788.17 \times 10^4 m^3$，地质储量为 $452.29 \times 10^4 t$，平均单井射开砂岩厚度为 7.3m、有效厚度为 5.7m，平均有效渗透率 515mD（表 4-88）。目的层埋深为 940.68m，原始地层压力为 11.23MPa，饱和压力为 7.23MPa，平均地层破裂压力为 13.76MPa，原始地层温度为 50.1℃（表 4-89）。

表 4-88　杏六区东部 Ⅱ 块基本情况表

层位	面积 km²	地质储量 10⁴t	孔隙体积 10⁴m³	平均单井射开，m		平均有效渗透率 mD	井数，口			平均破裂压力 MPa
				砂岩厚度	有效厚度		注入井	采出井	小计	
葡 Ⅰ3	4.77	452.29	788.17	7.3	5.7	515	110	104	214	13.76

表 4-89　杏六区东部 Ⅱ 块原油物性表

原始地层压力 MPa	原始饱和压力 MPa	原始地层温度 ℃	地层原油黏度 mPa·s	原油体积系数	脱气原油黏度 mPa·s	脱气原油含蜡量 %
11.23	7.23	50.1	6.9	1.124	13.86	24.60

2. 示范区方案实施情况

1）区块设计方案

采用 2500 万分子量的聚合物。

前置聚合物段塞：注入孔隙体积倍数 0.075PV 的聚合物溶液，聚合物浓度为 1800mg/L，井口黏度为 90mPa·s。

三元复合驱主段塞：注入孔隙体积倍数 0.3PV 的三元复合体系，氢氧化钠浓度质量分数为 1.0%，重烷基苯磺酸盐表面活性剂浓度质量分数为 0.2%，聚合物浓度为 2000mg/L，体系井口黏度为 70mPa·s。

三元复合驱副段塞：注入孔隙体积倍数 0.15PV 的三元复合体系，氢氧化钠浓度质量分数为 1.0%，重烷基苯磺酸盐表面活性剂浓度质量分数为 0.1%，聚合物浓度为 1700mg/L。

后续聚合物保护段塞：注入孔隙体积倍数 0.20PV 的聚合物溶液，聚合物浓度为 1400mg/L。

2）方案实施情况

试验区于 2008 年 11 月投产，2009 年 10 月注入前置聚合物段塞，2010 年 4 月投注三元复合体系主段塞，2013 年 4 月注入三元复合体系副段塞，2014 年 7 月 10 日进入后续聚合物保护段塞，2015 年 11 月 1 日，进入后续水驱阶段（表 4-90）。截至 2017 年 12 月，杏六区东部 Ⅱ 块累计注入地下孔隙体积 1.70PV，累计产油 113.55×10⁴t，阶段采出程度 25.10%。化学剂注入地下孔隙体积 1.213PV，化学驱阶段采出程度 23.70%，累计增油量为 98.06×10⁴t，提高采收率 21.68 个百分点。

表 4-90　杏六区东部 Ⅱ 块注入方案及执行情况表

阶段	注入参数								注入孔隙体积倍数 PV		注入时间
	聚合物				碱质量分数 %		表面活性剂质量分数 %				
	浓度，mg/L		分子量，万								
	方案	实际	方案	实际	方案	实际	方案	实际	方案	实际	
前置聚合物段塞	1800	1813	2500	2500					0.075	0.081	2009 年 10 月
三元复合体系主段塞	2000	2131	2500	2500	1.0	1.03	0.2	0.23	0.300	0.617	2010 年 4 月
	2000	2058	2500	2500	1.2	1.12	0.3	0.29			
三元复合体系副段塞	1700	1243	2500	2500	1.0	1.07	0.1	0.23	0.150	0.259	2013 年 4 月
后续聚合物保护段塞	1400	1215	2500	1900					0.200	0.256	2014 年 7 月
化学驱合计									0.725	1.213	

（1）空白水驱阶段。

区块于 2008 年 11 月全面投产，空白水驱阶段注入速度为 0.232PV/a，平均单井日注入量为 42m³，注入压力为 5.2MPa，单井日产液量为 50t，单井日产油量为 2.1t，综合含水 95.8%，沉没度为 531m，平均地层压力为 8.48MPa，累计注采比为 0.99。空白水驱后压力场及流场有所改善，允注压差为 8.5MPa，达到注聚条件。截至 2009 年 9 月，108 口注入井空白水驱累计注入污水为 150.9025 × 10⁴m³，注入地下孔隙体积 0.191PV，折算年注入速度为 0.209PV/a。全区 105 口采出井累计产液 156.84 × 10⁴t，累计产油 6.36 × 10⁴t，阶段采出程度为 1.40%，累计采出程度为 45.76%。

（2）前置聚合物段塞阶段。

2009 年 10 月转注前置聚合物段塞，在此期间实施综合调整 159 井次，其中方案调整 92 井次、分注 43 口井、调剖 24 口井，注入速度由 0.232PV/a 下调到 0.209PV/a。通过采取方案调整及各项措施，前置聚合物阶段平面注入压力差值逐渐减小，由空白水驱阶段的 8.5MPa 下降到 7.4MPa，建立了稳定的压力场。聚驱段塞阶段平均单井日注入量为 41m³，注入压力保持在 6.3MPa，允注压差达到 7.4MPa，为注入三元复合体系留有较大的压力上升空间。单井日产液量为 54t，单井日产油为 2.27t，综合含水 95.82%，沉没度为 397m，平均地层压力为 7.83MPa，累计注采比为 0.98。

截至 2010 年 3 月聚驱段塞结束前，累计注入聚合物溶液为 82.05 × 10⁴m³，注入地下孔隙体积 0.081PV，折算年注入速度为 0.209PV/a，聚驱阶段全区累计产液 93.17 × 10⁴t，累计产油 3.68 × 10⁴t，综合含水 95.8%，阶段采出程度为 0.81%，总采出程度为 46.46%。

（3）三元复合体系主段塞阶段。

试验区于 2010 年 4 月开始三元复合体系主段塞注入，三元复合体系中聚合物分子量采取 2500 万的聚合物，平均注入浓度为 2076mg/L，碱浓度质量分数为 1.2%、表面活性剂浓度质量分数为 0.3%，体系平均黏度为 58.7mPa·s。三元复合体系主段塞结束时平均注入压力为 12.8MPa，日注入量为 4763m³，吸水指数为 0.54m³/（d·m·MPa），与前置聚合物段塞结束时相比下降 38.6%。单井日产液量为 47t，单井日产油量为 8.6t，综合含水 81.7%，沉没度为 594m，产液指数为 0.86m³/（d·m·MPa），与前置聚合物段塞结束时相比下降 23.21%。平均地层压力为 9.15MPa，累计注采比为 0.96。

截至 2013 年 3 月三元复合体系主段塞结束时，累计注入三元复合体系为 486.1790 × 10⁴m³，注入地下孔隙体积 0.617PV，折算年注入速度为 0.205PV/a，累计注入地下孔隙体积 0.698PV；三元复合体系主段塞阶段全区累计产液为 520.4047 × 10⁴t，累计产油 64.4080 × 10⁴t，综合含水 81.76%，阶段采出程度为 14.24%，总采出程度为 60.69%。

（4）三元复合体系副段塞阶段。

2013 年 4 月开始三元复合体系副段塞注入，三元复合体系副段塞结束时注入压力为 12.46MPa，日注入量为 4462m³。吸水指数由三元复合体系主段塞结束时的 0.54m³/（d·m·MPa）到三元复合体系副段塞 0.51m³/（d·m·MPa），保持稳定。单井日产液量为 47t，单井日产油量为 4.3t，综合含水 90.81%，沉没度为 518m，产液指数为 0.65m³/（d·m·MPa），与前置聚合物段塞结束时相比下降 37.5%。平均地层压力为 11.5MPa，累计注采比为 0.96。

截至 2014 年 6 月三元复合体系副段塞阶段累计注入三元复合体系为 204.3789 × 10⁴m³，

注入地下孔隙体积 0.259PV，折算年注入速度为 0.208PV/a，累计注入化学剂地下孔隙体积 0.957PV；三元复合体系副段塞阶段全区累计产液 198.1453×10^4t，累计产油 23.365×10^4t，综合含水 87.28%，阶段采出程度为 5.17%，总采出程度为 65.85%。

（5）后续聚合物保护段塞阶段。

2014 年 7 月 10 日示范区全面进入后续聚合物段塞。截至 2015 年 10 月底，试验区累计注入化学剂 956.05×10^4m³，占地下孔隙体积的 1.213PV。后续聚合物段塞阶段全区累计产液 198.15×10^4t，累计产油 10.18×10^4t，综合含水 95.51%，阶段采出程度为 2.25%，总采出程度为 68.1%。

（6）后续水驱阶段。

区块于 2015 年 11 月进入后续水驱阶段。截至 2017 年 12 月底，累计注入地下孔隙体积 1.70PV，累计产油 113.55×10^4t，综合含水 98.68%，阶段采出程度为 1.23%，总采出程度为 69.33%（图 4-54 和图 4-55）。

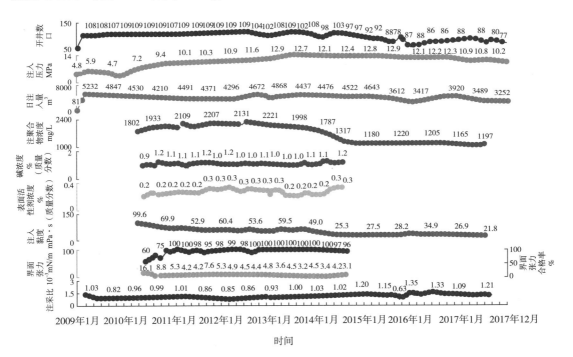

图 4-54　杏六区东部 II 三元复合驱注入曲线

三、示范区取得的成果及认识

1. 杏六区东部 II 块强碱三元复合驱可比水驱提高采收率 20 个百分点以上

杏六区东部是杏北开发区首个采用 141m 井距、将葡 I 1-3 油层分两套层系开采的三次采油区块。通过 7 年多的开发实践，依据不同开采目的层的地质特征和剩余油分布情况，通过优化层系组合和井网井距、优化体系配方和个性化设计注入参数[43]，以及注入过程中加强跟踪调整，保持了区块注采平衡、压力系统合理、注采能力相对较高，油层动用程度比水驱提高 13.5~22.8 个百分点（表 4-91），取得了较好的增油降水效果。

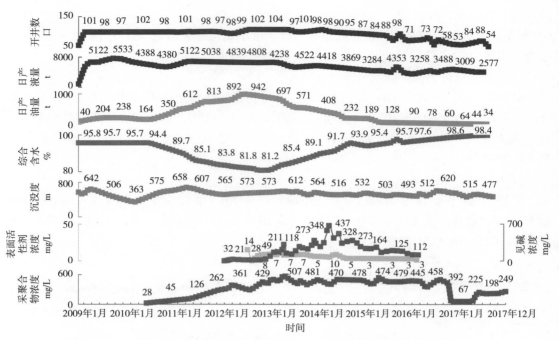

图 4-55 杏六区东部Ⅱ三元复合驱试验区综合开采曲线

表 4-91 杏六区东部三元复合驱油层动用状况 单位：%

区块	不同阶段油层动用厚度比例			
	水驱空白	前置聚合物段塞	三元主段塞	三元副段塞
杏六区东部Ⅰ块	67.2	70.2	80.7	77.4
杏六区东部Ⅱ块	58.4	56.8	81.2	71.9

　　截止到 2017 年 12 月，杏六区东部Ⅱ块累计注入地下孔隙体积 1.70PV，累计产油 113.55×10⁴t，阶段采出程度为 25.10%。化学剂注入地下孔隙体积为 1.213PV，化学驱阶段采出程度为 23.70%，累计增油量为 98.06×10⁴t，提高采收率 21.68 个百分点。该区块 2010 年 9 月开始见到注剂效果，含水缓慢下降，含水下降速度为 4.2%/0.1PV。2012 年 11 月，含水降到最低值，为 80.4%，含水在 85% 以下维持了 23 个月（表 4-92 和表 4-93）。采出井有 103 口受效，受效井比例 98.10%。三元驱高峰期日产油 943t，平均单井日产油 8.98t，最大增油倍数为 3.1 倍，平均含水最大降幅 15.6 个百分点，取得了较好的开发效果。

表 4-92 杏六区东部Ⅱ块三元复合驱含水变化表

区块名称	空白水驱末含水，%	见效时间，PV	含水最大降幅，%	最低点含水，%	含水下降速度%/0.1PV	含水回升速度%/0.1PV	含水 85% 以下时间，mon
杏六区东部Ⅱ块	96.0	0.115	15.6	80.4	4.20	2.26	23

表 4-93 杏六区东部Ⅱ块三元复合驱受效状况统计表

区块名称	总井数，口	受效井数，口	受效井比例，%	最大日产油，t	平均单井日产油，t	最大增油倍数
杏六区东部Ⅱ块	105	103	98.1	943	8.98	3.1

2. 形成了布井方案优化设计技术

首次在杏北开发区原一次加密调整井排和二次加密调整井排间布一排三元复合驱井，与水驱三次加密井互相协调，形成注采井距缩小为141m的五点法面积井网；井网部署更趋完善，且有利于后续三类油层开展三次采油的井网衔接，减少了钻井及基建费用。井距缩小后，区块化学驱控制程度增加，超过了75%的技术界限，达到了85.3%；保持了较稳定的产液能力，产液指数下降幅度为59%，产液量下降幅度平均为24.1%。

3. 形成了开发层系优化设计技术

分析对比了杏六区东部葡Ⅰ1-3油层各沉积单元油层发育差异及动用状况，考虑渗透率级差、层系接替，结合经济效益评价优化了层系组合。首次确定了该区块三元复合驱目的层葡Ⅰ1-3油层分葡Ⅰ3和葡Ⅰ1-2两套层系开采，使层间渗透率级差明显减小。葡Ⅰ1-3油层渗透率级差为3.0，分两套层系后，葡Ⅰ3油层渗透率级差下降到1.2，有效减缓了层间干扰，使油层动用程度明显提高，有效厚度动用比例最高达到80%以上（图4-56）。

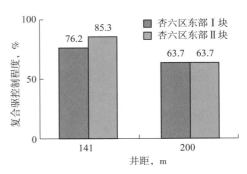

图4-56　杏六区东部葡Ⅰ3油层不同井距复合驱控制程度

4. 形成了驱油体系及注入参数优化设计技术

杏六区东部Ⅱ块三元复合驱在精细地质研究的基础上，对各区块一类油层储层特征、流体性质及开发简况进行了详细描述，并对区块目的层的沉积特征、油层的发育状况及分布特征、水淹状况和剩余油分布特征进行了系统研究。建立了三元复合体系聚合物分子量与油层物性的匹配关系，依据匹配关系、化学复合驱控制程度以及动态反应特点，个性化设计了三元复合驱注入体系。葡Ⅰ3油层物性好，有效渗透率高，达到542mD，采用2500万分子量聚合物配制的三元复合体系。依据单井油层物性、压力上升空间以及黏浓关系曲线，个性化设计了单井注入参数，单井注入黏度在30~80mPa·s；考虑井组注采平衡，依据井组地层系数和连通方向数优化单井配注设计。首次应用数值模拟的方法结合经济效益评价，对段塞大小组合以及聚合物浓度进行了系列方案对比和优化筛选，确定了整体方案。

1）碱与表面活性剂浓度优化设计

根据室内实验研究结果（表4-94）和杏二中三元复合驱矿场试验取得的经验，在保证三元复合驱开发效果的前提下，为了节约化学剂药量，设计杏六区东部主段塞碱浓度质量分数为1.0%，表面活性剂浓度质量分数为0.2%，副段塞碱浓度质量分数为1.0%，表面活性剂浓度质量分数为0.1%。在开发过程中，由优先考虑经济效益转变为优先考虑提高采收率，因此将主段塞碱浓度质量分数调整为1.2%，表面活性剂浓度质量分数调整为0.3%；副段塞碱浓度质量分数仍为1.0%，表面活性剂浓度质量分数调整为0.2%。

表 4-94 室内驱油实验结果

气测渗透率 mD	前聚合物浓度 mg/L	三元复合体系			水驱采收率 %	化学驱提高采收率 %
		聚合物浓度 mg/L	碱浓度质量分数，%	表面活性剂浓度质量分数，%		
955	1400	2000	1.2	0.3	43.1	24.1
966	1400	2000			44.8	24.1
950	1400	2000	1.0	0.2	41.5	23.4
960	1400	2000			43.6	23.3

注：前置段塞大小 0.06PV、后续保护段塞 0.2PV、聚合物浓度为 1400mg/L、黏度为 64.2~66.9mPa·s、主段塞大小为 0.3PV。

2）聚合物分子量优化设计

室内研究表明：在水溶液中，2500 万分子量聚合物在渗透率大于 200mD 的油层中都可以通过；在三元体系中，2500 万分子量聚合物在渗透率大于 170mD 的油层中可以通过，1900 万分子量聚合物在渗透率大于 130mD 的油层中可以通过，1500 万分子量聚合物在渗透率大于 100mD 的油层中可以通过。从杏六区东部 II 块开采葡 I 3 油层的 110 口注入井射开油层渗透率分布看，渗透率在 170mD 以上的有效厚度比例为 96.6%，在 200mD 以上的有效厚度比例为 93.3%。采用 2500 万分子量聚合物可以满足 93.3% 以上的油层需要。

方案设计要求在保证体系黏度的条件下，根据注入状况调整聚合物分子量及浓度。实际注入过程中（表 4-95），杏六区东部后续聚合物阶段分子量方案设计为 2500 万，实际注聚分子量为 1900 万，其他阶段注入分子量完全按照方案设计执行。后续聚合物段塞阶段调整分子量的主要原因是三元副段塞后期注入困难井比例达到 50% 以上，注采能力下降，剖面反转比例增加，为改善注入困难状况、控制剖面反转比例、控制含水回升速度，将后续聚合物段塞阶段 2500 万分子量调整到 1900 万分子量。

表 4-95 杏六区东部 II 块驱油方案执行情况统计表

阶 段	注入参数										注入速度 PV/a	
	聚合物分子量 万		聚合物 mg/L		碱质量分数 %		表面活性剂质量分数，%		注入体系黏度 mPa·s			
	方案	实际	方案	实际	方案	实际	方案	实际	方案	实际	方案	实际
前置聚合物段塞	2500	2500	1800	1813					90	80.2	0.18~0.20	0.209
三元复合体系主段塞	2500	2500	2000	2130	1.0	1.03	0.2	0.23	70	64.1	0.18~0.20	0.200
	2500	2500	2000	2058	1.2	1.12	0.3	0.29	70	54.9	0.18~0.20	0.209
三元复合体系副段塞	2500	2500	1700	1243	1.0	1.07	0.1	0.23	50	27.2	0.18~0.20	0.208
后续聚合物段塞	2500	1900	1400	1215					50	29.3	0.18~0.20	0.192

3）聚合物浓度优化设计

依据物理模拟驱油实验结果，注入液黏度与原油黏度比在 3:1 以上，驱油效果较好。杏六区东部地下原油黏度为 6.9mPa·s，注入体系的地下工作黏度应在 20.7~27.6mPa·s。

分别考虑两区块的注入过程黏损，驱油方案设计杏六区东部Ⅱ块注入体系黏度在69mPa·s以上。

杏六区东部Ⅱ块开采葡Ⅰ3油层，选择注入分子量为2500万的聚合物。在前置聚合物段塞阶段平均设计注入浓度为1800mg/L，注入黏度为90mPa·s；在三元主段塞阶段平均设计注入浓度为2000mg/L，注入黏度要求为70mPa·s左右；三元副段塞阶段平均设计注入浓度为1700mg/L，注入黏度要求为50mPa·s左右。在后续聚合物段塞阶段平均设计注入浓度为1400mg/L，注入黏度为50mPa·s。

实际注入过程中，依据注入压力的变化情况以及连通采油井的动态变化，适当调整注入浓度，保证了注入体系顺利注入、油层动用厚度明显提高以及采油井受效。

4）注入段塞优化设计

根据物理模拟实验和数值模拟结果，结合以往试验区开采经验，杏六区东部三元复合驱设计前置聚合物段塞大小为0.075PV，三元主段塞大小为0.3PV，三元副段塞大小为0.15PV，后续聚合物保护段塞大小为0.2PV。在注入过程中，为了最大得发挥化学驱的潜力，适当增加了主、副段塞，有效延长了低含水稳定期，进一步提高了开发效果。

5）注入速度优化设计

根据三元复合驱小型及工业性矿场试验区块视吸水指数下降特点，预测杏六区东部注入井视吸水指数可降至0.50m³/（d·m·MPa）左右。根据注入速度计算公式［式（4-3）］，计算不同注入速度所对应的最高井口注入压力。根据计算结果，注入速度为0.18PV/a、0.190PV/a、0.20PV/a时，最高注入压力分别为10.18~11.31MPa、10.06~11.18MPa、11.67~12.97MPa，不会超过油层破裂压力。因此，杏六区东部驱油方案设计注入速度为0.18~0.2PV/a，杏六区东部Ⅱ块实际注入速度为0.20PV/a，符合设计方案要求。

注入速度公式：

$$V = 180 \cdot p_{max} \cdot N_{min} / （L^2 \cdot \Phi）\eqno（4-3）$$

式中　p_{max}——最高井口注入压力，MPa；

　　　V——注入速度，PV/a；

　　　Φ——油层孔隙度，%；

　　　L——注采井距，m；

　　　N_{min}——油层最低比视吸水指数，m³/（d·m·MPa）。

5. 建立了基于不同阶段动态特点的全过程跟踪调整技术

确定了三元复合驱开发过程中需要重点把控的五大开发要素：剖析油层发育、控制体系质量、调整压力系统、提高动用程度、改善注采能力，并对各要素制定了相应的技术界限。油层控制程度达到75%以上；三元体系界面张力合格率和注入方案符合率均达到95%以上；油层总压差控制在 -1.0MPa以内，驱替压力梯度达到0.13MPa/m；油层动用程度达到80%以上，剖面反转比例控制在30%以内；视吸水指数降幅控制在60%以内，产液指数降幅控制在50%以内[44]。

在总结以往三元复合驱注采井措施实践的基础上，完善并进一步量化了注采井措施选井选层标准。从压裂、调剖、换泵等各种措施方面，给出具体定量标准（表4-96和表4-97）。

表 4-96   注入井措施技术标准

标准名称	具体内容
压裂标准	注入压力较高，压力上升空间小于 0.5MPa；油层动用程度低，有效厚度动用比例小于60%；注入强度较低，注入强度小于 6m³/（d·m）；井区综合含水低，优势连通油井含水小于 90%；井区沉没度低，井区沉没度小于 300m
调剖标准	视吸水指数高于平均水平 30%，启动压力低于平均水平 30%，注水压力低于平均水平30%，渗透率级差大于 3.0，油层动用程度低于平均水平 20 个百分点，产液强度高于全区20.0%，含水高综合含水 2.0 个百分点
	产液量高、见剂浓度高、含水级别高、压力低于平均水平、油层动用程度低

表 4-97   采出井措施技术标准

标准名称	具体内容
压裂标准	含水降幅在 10 个百分点以上，产液量降幅在 20%~80% 之间，沉没度小于 300m，压裂层有效厚度小于 2m，压裂层连通方向在 2 个方向以上，压裂层渗透率在 200~500mD 之间
换泵标准	实际生产流压大于 5MPa，渗透率变异系数大于 0.5，采出程度不大于 50%，地层压力大于8MPa，有效厚度大于 8m
堵水标准	含水高、见剂浓度高、产液强度高、沉没度高，接替层动用程度较低

根据三元复合驱动态变化特点，开发过程可以划分为未见效期、含水下降期、含水稳定期和含水回升期四个阶段，结合各阶段开发特点和矛盾，形成了以"时"定调、以"静"定调、以"动"定调的三元复合驱动态跟踪调整配套技术。

1）把握阶段规律，以时定调

区块注入化学体系以后，依据含水变化特点可分为未见效期、逐步见效期、低含水稳定期、含水回升期等四个阶段，在深入总结以往试验区块各开发阶段开发规律及存在问题的基础上，宏观把握各阶段主要调整对策和手段（表 4-98）。

表 4-98   三元复合驱不同开采阶段特点及主要对策

阶段	未见效期	含水下降期	含水稳定期	含水回升期
动态特点	压力不均衡，动用状况差	受效状况差异大，注入压力上升	注采能力下降，含水保持平稳	含水逐步回升，剖面出现反转
合理指标	井间压力差小于 3.0MPa	受效井比例 60% 以上，有效厚度动用比例 70%	注入采出能力下降幅度小于50%	月含水上升速度小于1.2%
调整对策	合理注采关系	优化注入参数	加强措施挖潜	强化接替层动用
具体措施	深度调剖 24 井次，方案调整 148 井次，优化参数46 井次	提浓 115 口，分注 58 口，压裂 3 口	注入井压裂 33 井次，注入井降浓 275 井次，深度调剖 12井次，采出井压裂 37 井次，调大参数 45 井次	注入井补分注 165 口，注入井压裂 26 口，采出井调参 56 口，采出井压裂 17 口
调整效果	井间压力差为 2.6MPa	受效井比例为 65.7%，有效厚度动用为 72.6%	注入能力下降 41.7%，采出能力下降 25.3%	月含水上升速度为0.35%

2）精细储层刻画，以静定调

三元新井完钻后区块井网密度由 50 口 /km² 增加到 137 口 /km²，应用精细地质识别技术、井间连续追踪方法重新识别沉积微相、重新组合或修正废弃河道，使储层描述地更加清楚。示范区开采目的层葡 I 3₂、葡 I 3₃ 油层，属于高弯曲分流河道沉积，开采层系相对单一，具有废弃河道、点坝砂体较为发育、层内夹层发育频率较高等特点，为此，又开展了砂体内部建筑结构的深入剖析，明确油层非均质性对开发效果的影响，为方案调整提供指导。

（1）井间连通关系由沉积微相细化到单砂体。

①平面上精细识别河道边界。

一是精细识别单一河道边界。应用复合砂体单一河道识别技术将示范区两个沉积单元进行精细解剖，葡 I 3_3^2 单元平面上由单一的复合型砂体变化为 4 条单一河道切叠的组合砂体；葡 I 3_2 单元平面上由单一的复合型砂体变化为 6 条单一河道切叠的组合砂体。在此基础上，对位于不同单一河道交接部位的井间连通关系重新进行认识，定义同期河道连通为 A 类河道连通、不同期河道为 B 类河道连通，共重新识别一类连通关系 26 口井 2 个层（表 4-99）。

表 4-99 示范区河道连通关系变化统计

沉积单元	砂体钻遇井数，口	河道砂钻遇率，%	识别单一河道数，条	原河道连通比例，%	重新识别井次，口	A 类河道连通比例，%	B 类河道连通比例，%
葡 I 3_2	70	68.6	5	77.7	8	68.8	8.9
葡 I 3_3^2	92	90.2	6	95.4	18	77.8	17.6
合计	—	—	11	89.8	26	—	—

二是搞清废弃河道连通关系。废弃河道分为突然废弃和逐渐废弃两种类型：突然废弃型废弃河道形成于封闭静水环境中，与主河道隔绝过程较快，只有洪水期才接受细粒沉积，测井曲线表现为油层底部自然电位高值，微电极幅度差较大，而上部则接近泥岩基线，区块内共有 10 口注采井的葡 I 3_2 和葡 I 3_3 油层处于该类废弃河道上；逐渐废弃型废弃河道形成于静水环境中，隔绝过程较慢，过程中与原河道连通状况逐渐变差，持续接受原河道细粒物质沉积，测井曲线表现为自然电位及微电极曲线呈"松塔状"的正韵律沉积，区块内共有 16 口注采井的葡 I 3_3 油层处于该类废弃河道上。综合研究发现，逐渐废弃型废弃河道油层发育连通较好，平均单井地层系数达到了 0.767mD·m，高于突然废弃型废弃河道 0.198mD·m，注采能力较强，视吸水指数和产液强度分别达到了 0.750m³/（d·MPa·m）和 10.28t/（d·m），高于突然废弃型废弃河道 0.124m³/（d·MPa·m）和 4.31t/（d·m），另外，油层地质条件相近的杏六区东部注采井组的示踪剂检测结果表明，逐渐废弃型废弃河道较突然废弃型废弃河道更易于见到示踪剂显示，表明该类河道连通关系较好。

在对井组连通关系重新认识，明确井组优势连通方向的基础上，结合井组动态反映状况，对单井方案进行了重新梳理，对 B 类河道连通的井组加强了方案调整和措施改造的力度。

②垂向上分清单元间接触关系。

葡 I 3_2 单元沉积时期，平面上水动力强弱存在差异，导致了葡 I 3_2 单元与葡 I 3_3^2 单元间接触关系的差异。接触关系分为三类：独立型，单元与单元间隔层发育，砂体独立纵向上不互相连通，区块 78.5% 的井属于此种类型；切叠型，葡 I 3_2 单元沉积时水动力作用较强，砂体与葡 I 3_3^2 单元砂体上部切叠形成复合砂体，纵向上单元间互相窜通，区块 8.4% 的井属于此种类型；单层型，仅发育一个单元、砂体单一，区块 13.1% 的井属于此种类型。单元间接触关系不同，开发过程中动态放映不同、存在的矛盾有所差异，在调整方式和方法上也相应的有所变化。独立型以调整层间受效差异为主，采取分注、层间调整、选层措施为主的主要调整手段，促使两个单元推进相对均匀，吸水强度接近；单层型和切叠型都是层内调整，以调整层内非均质性为主要手段，以浓度调整、选择性改造措施为主的调整方法，提高油层中上部动用比例和吸水比例（表4-100）。

表4-100　不同接触关系井组开发政策对比

井组接触关系分类	井数	比例	动态特点及主要矛盾	主要调整方法
独立型	47	45.6	含水低值期长、可二次见效、层间干扰大，剖面易反转	分注、测调、选层压裂、堵水
单一型	17	16.5	见效晚、见效慢、低值期较长、化学药剂突破后含水回升快	调浓、选择性压裂、化学堵水
切叠型	39	37.9	见效晚、含水降幅小、回升快、化学药剂易突破	调浓、选择性压裂、化学堵水、长胶筒堵水

（2）单砂体层内构型刻画指导措施调整。

①层内夹层展布规律与受效状况的关系研究。

区块内层内夹层较为发育，测井曲线表现为"三高、三低"的特征，即自然电位高、井径高、自然伽马高、电阻率低、声波时差低、微电极低。统计全区209口井的层内夹层发育情况，夹层不发育的油层占17.7%、夹层厚度小于0.8m占68.9%、夹层厚度大于0.8m占13.4%；从分注采井组看，注采井均未发育夹层的1个、只有注入井发育夹层的1个、只有采出井发育夹层的35个、注采井均发育夹层的246个。

层内夹层把注采井分为不完全独立的流动单元，可对注入液起疏导作用，有阻挡注入液因层内物性差异沿底部突进的趋势，因此，夹层分布状况对油水运动和开发效果影响较大。从发育不同夹层的采出井开发效果来看，未发育夹层的采出井产液能力较强，产液强度达到了11.38t/（d·m），含水下降速度快、先进入含水低值期，但回升速度也较快；随着井组内夹层厚度增大和层数增多，产液能力变差，含水下降速度减缓、统计平均夹层厚度达到0.24m/个、夹层层数达到1.11个/m以上的井组，产液强度为6.20t/（d·m）。

通过以单井层位数据对接，井间以地震构造为约束，对夹层的展布状况进一步深入研究，判断出夹层分布连续井组36个、断续的井组49个。从动态反应上看，油层上部夹层发育且连续性强的注入井，上部油层动用状况较差、层内矛盾突出；注采井夹层发育断续的井组，更易造成药剂突破、含水低值期较短；夹层连续性强方向的采出井含水低值期较长（表4-101）。

表4-101　夹层发育状况与油层动用状况关系

分类	井数口	有效厚度 m	油层上部		油层下部		油层上部有效厚度动用比例，%		油层上部相对吸液比例，%	
			夹层频率 个/m	中低水淹比例，%	夹层频率 个/m	中低水淹比例，%	水驱空白末	注聚合物后	水驱空白末	注聚合物后
夹层不发育	31	6.5	0.5	61.3	0.2	21.8	53.9	65.3	55.1	58.7
下部夹层发育	21	6.9	0.5	49.2	0.8	18.9	46.9	66.1	42.1	54.5
上部夹层发育	33	5.6	1.5	71.7	0.2	25.8	45.7	57.1	43.3	46.1
夹层均匀发育	24	6.0	1.4	64.4	0.8	32.3	47.7	61.0	45.9	50.0

②依据夹层的分布特点深化开发调整。

依据井组内夹层特点，采取个性化的调整，治理层内矛盾。针对夹层不发育的井，以提浓提压的调整思路扩大波及体积，控制高渗透层的吸液比例；针对上部夹层发育的注入井，依据注入压力上升情况阶梯式降浓，提高上部油层的动用状况；针对夹层密度较大的注入井，采取压裂或选择性压裂改造提高渗流能力，提高动用状况。井组内调整，对于夹层断续方向以调堵为主、对于夹层连续方向以连续动用为主（表4-102）。

表4-102　依据夹层发育状况跟踪调整措施效果

注入井分类	井数口	调整措施	效果
夹层不发育动用差	9	提浓19井次	油层下部吸液比例为65.2%，下降到26.8%
上部夹层发育动用差	16	降浓36井次	油层上部吸液比例为39.5%，上升到52.7%
夹层密度大动用差	8	压裂6井次	油层动用比例由47%提高到89%

如：杏5-41-斜E23井组，杏5-42-斜E23方向注采井间夹层连续性差，其他三个方向连续性均较好，采出井含水回升后采取先降量提浓3个月控制夹层断续方向控制突破速度，然后降浓提量6个月保证夹层连续方向的均匀动用，再采取采出端选择性压裂的措施，促使井组含水出现二次见效的好效果。

3）跟踪单井潜力变化，以"动"定调

（1）跟踪潜力变化，分区管理。

区块采出井进入受效期以后，依据采出井不同的含水级别和单位厚度累计产油量绘制了全区采出井的分类图板，将区块分为治理区、挖潜区、稳定区和控制区四个区，对采出井进行分类管理。分析结果表明，受层内夹层干扰、突然废弃型废弃河道遮挡、剩余油潜力、油层均质性等因素影响，各区的开发效果不同。比如区块在含水低值期时治理区采出井油层发育连通状况较差、层内及层间差异较大、剩余油较少、油层动用较差，开发效果较差（表4-103）。

表4-103　油层发育条件分级评价结果

项目类别	井数口	有效厚底m	渗透率mD	平面渗透率变异系数	纵向渗透率变异系数	一类厚度连通比例，%	综合评判分值
I类	30	7.2	609	0.233	0.672	91.9	0.46
II类	43	5.3	496	0.245	0.626	87.6	0.35
III类	32	3.7	513	0.255	0.776	68.4	0.25
合计	105	5.5	538	0.243	0.682	89.8	0.36

结合三元复合驱阶段的受效特点，在不同时机重点调整的井区不同，含水下降期调整重点为3井区、4井区（引效）；含水低值期调整重点为1井区、3井区（促效）；含水回升初期调整重点为1井区、2井区（稳效）；含水回升后期调整重点为2井区、4井区（提效）。

（2）建立井组分类方法，明确单井调整目标。

借鉴对标评价的方法，以最大限度发挥单井潜力为目标。针对区块内各单井开发指标差别较大，没有合理的井组分类管理模式，以储层发育和剩余油条件为基础开展了井组分类。应用灰色关联分析方法考察油层发育和剩余油状况，实施井组分类评价。油层条件主要考虑发育连通和非均质性的影响，可分为三类（表4-104）。

表4-104 油层发育条件分级评价结果

项目级别	井数口	有效厚度 m	渗透率 mD	平面渗透率变异系数	纵向渗透率变异系数	一类厚度连通比例，%	综合评判分值
Ⅰ类	30	7.2	609	0.233	0.672	91.9	0.46
Ⅱ类	43	5.3	496	0.245	0.626	87.6	0.35
Ⅲ类	32	3.7	513	0.255	0.776	68.4	0.25
合计	105	5.5	538	0.243	0.682	89.8	0.36

三元复合驱开发过程中，依据分区分类、潜力跟踪、单井分级的原则，坚持"勤跟踪、勤分析、勤调整"的管理模式，每年实施注采井调整400多井次，其中注入井平均单井调整达3.8井次。保证了三元复合驱开发效果不断改善。

四、示范区取得的经济效益

杏六区东部Ⅱ块三元复合驱2008年基建油水井214口，其中油井104口，注入井110口，建成产能 6.1×10^4t。按最终含水达98%，投产年限为2008年至2017年，期限为9年。计算期内最高产量为 27.76×10^4t/a，计算期内累计采出原油 113.55×10^4t，阶段采出程度为25.10%。

该项目总投资97862.89万元，据历年实际结算油价计算，税后财务内部收益率为44%；高于12%的行业基准收益率，在经济上可行。

参 考 文 献

[1] 侯吉瑞. 化学驱原理与应用 [M]. 北京: 石油工业出版社, 1998: 156-198.

[2] 张景存. 三次采油 [M]. 北京: 石油工业出版社, 1995: 90-116.

[3] 郭继香, 李明远, 林梅钦. 大庆原油与碱作用机理研究 [J]. 石油学报 (石油加工), 2007, 23 (4): 20-24.

[4] 隋欣. 三元复合驱硅垢形成规律与主要控制规律研究 [D]. 大庆: 大庆石油学院, 2006.

[5] 王冬梅. 三元复合驱合理井网、井距分析 [J]. 大庆石油地质与开发, 1999 (3): 22-23.

[6] 童宪章. 从注采平衡角度出发比较不同面积注水井网的特征和适应性 [C] // 国际石油工程会议论文集, 1982.

[7] 陈元千. 不同布井方式下井网密度的确定 [J]. 石油勘探与开发, 1986 (1): 60-62.

[8] 张景纯. 三次采油 [M]. 北京: 石油工业出版社, 1995.

[9] 程杰成, 廖广志, 杨振宇, 等. 大庆油田三元复合驱矿场试验综述 [J]. 大庆石油地质与开发, 2001, 20 (2): 46-49.

[10] 贾忠伟, 杨清彦, 袁敏, 等. 大庆油田三元复合驱驱油效果影响因素实验研究 [J]. 石油学报, 2006, 27 (增刊): 101-104.

[11] 付天郁, 曹凤, 邵振波. 聚合物驱控制程度的计算方法及应用 [J]. 大庆石油地质与开发, 2004, 23 (3): 81-82.

[12] 邵振波, 李洁. 大庆油田二类油层注聚对象的确定及层系组合研究 [J]. 大庆石油地质与开发, 2004, 23 (1): 52-55.

[13] 刘冰. 大庆油田西区二类油层三元复合驱方法 [J]. 东北石油大学学报, 2016, 40 (4): 106-112.

[14] 李华斌. 三元复合驱新进展及矿场试验 [M]. 北京: 科学出版社, 2007.

[15] 赵玉辉. 大庆喇嘛甸油田北东块二类油层三元复合驱油试验研究 [D]. 北京: 中国地质大学 (北京), 2009.

[16] 吴凤琴, 贾世华. 萨中开发区二类油层三元复合驱试验效果及认识 [J]. 石油地质与工程, 2012, 26 (1): 112-115.

[17] 程杰成, 吴军政, 胡俊卿. 三元复合驱提高原油采收率关键理论与技术 [J]. 石油学报, 2014, 35 (2): 310-318.

[18] 程杰成, 王德民, 李群, 等. 大庆油田三元复合驱矿场试验动态特征 [J]. 石油学报, 2002, 23 (6): 37-40.

[19] 程杰成, 廖广志, 杨振宇, 等. 大庆油田三元复合驱矿场试验综述 [J]. 大庆石油地质与开发, 2001, 20 (2): 46-49.

[20] 李华斌. 大庆油田萨中西部三元复合驱矿场试验研究 [J]. 油气田采收率技术, 1999 (6): 15-19.

[21] 刘晓光. 北三西三元复合驱试验动态变化特征及综合调整措施 [J]. 大庆石油地质与开发, 2006, 25 (4): 95-96.

[22] 么世椿, 赵群, 王昊宇, 等. 基于HALL曲线的复合驱注采能力适应性 [J]. 大庆石油地质与开发, 2013, 32 (3): 102-106.

[23] 王凤兰, 伍晓林. 大庆油田三元复合驱技术进展 [J]. 大庆石油地质与开发, 2009, 28 (5): 154-162.

[24] 徐艳姝. 大庆油田三元复合驱矿场试验采出液乳化规律 [J]. 大庆石油地质与开发, 2012, 31 (6): 140-144.

[25] 洪冀春, 王凤兰, 刘奕, 等. 三元复合驱乳化及其对油井产能的影响 [J]. 大庆石油地质与开发, 2001, 20 内 (2): 23-25.

[26] 曹锡秋, 隋新光, 杨晓明, 等. 对北一区断西三元复合驱若干问题的认识 [J]. 大庆石油地质与开发, 2001, 20 (2): 111-113.

[27] 李世军, 杨振宇, 宋考平, 等. 三元复合驱中乳化作用对提高采收率的影响 [J]. 石油学报, 2003, 24 (5): 71-73.

[28] 李士奎, 朱焱. 大庆油田三元复合驱试验效果评价研究 [J]. 石油学报, 2005, 26 (3): 56-59.

[29] 任文化, 牛井岗, 张宇. 杏二区西部三元复合驱试验效果与认识 [J]. 大庆石油地质与开发, 2001, 20 (2): 117-118.

[30] 吴国鹏, 陈广宇, 焦玉国, 等. 强碱三元复合驱对储层的伤害及结垢研究 [J]. 大庆石油地质与开发, 2012, 31 (5): 137-141.

[31] 李洁, 么世椿, 于晓丹, 等. 大庆油田三元复合驱效果影响因素 [J]. 大庆石油地质与开发, 2011, 30 (6): 138-142.

[32] 李洁, 陈金凤, 韩梦蕖. 强碱三元复合驱开采动态特点 [J]. 大庆石油地质与开发, 2015, 34 (1): 91-97.

[33] 樊宇. 三元复合驱注入速度对注采能力影响研究 [J]. 内蒙古石油化工, 2014 (8): 142-143.

[34] 孔宪政. 大庆萨南油田南六区三元复合驱见效特征及影响因素分析 [J]. 长江大学学报 (自科版), 2014 (20): 116-117.

[35] 钟连彬. 大庆油田三元复合驱动态特征及其跟踪调整方法 [J]. 大庆石油地质与开发, 2015, 34 (4): 12-128.

[36] 赵长久, 赵群, 么世椿. 弱碱三元复合驱与强碱三元复合驱的对比 [J]. 新疆石油地质, 2006, 27 (6): 728-730.

[37] 于水. 二类油层三元复合驱跟踪调整技术及效果认识 [J]. 内蒙古石油化工, 2016 (7): 95-96.

[38] 魏玉函. 三元复合驱开发跟踪调整方法 [J]. 长江大学学报 (自科版), 2014 (13): 118-120.

[39] 付雪松, 李洪富, 赵群, 等. 油田南部一类油层强碱三元矿场试验效果 [J]. 石油化工应用, 2013, 32 (3): 108-111.

[40] 方艳君, 孙洪国, 侠利华, 等. 大庆油田三元复合驱层系优化组合技术经济界限 [J]. 大庆石油地质与开发, 2016, 35 (2): 81-85.

[41] 樊宇. 三元复合驱注入速度对注采能力影响研究 [J]. 内蒙古石油化工, 2014 (8): 142-143.

[42] 付雪松. 油田南部一类油层强碱三元矿场试验效果 [J]. 石油化工应用, 2013, 32 (3): 108-111.

[43] 王妍苏. 水驱后三元复合驱全过程的相渗曲线变化趋势 [J]. 化工管理, 2014 (27): 60-61.

[44] 赵长久. 三元复合驱吸水指数和产液指数计算方法 [J]. 复杂油气藏, 2014, 7 (3): 72-75.